한국음식에 관심 있는 모든 분이

손쉽게 따라하는
# 한국음식

이미정 저

Korean Food

**백산출판사**

*Preface*

2020년 한식조리기능사 실기내용이 축소, 변경됨에 따라 본 책은 한식조리기능사에 포함된 실기내용을 제외하고 한국음식의 기본이 되는 내용과 궁중음식 등을 능력단위별로 구분하여 실기 중심으로 쉽게 따라할 수 있도록 과정 사진과 설명을 넣어 소개하는 방식으로 구성하였습니다.

궁중음식뿐만 아니라 가정에서도 만들어 응용해 볼 수 있도록 좀 더 풍부한 내용의 한국음식을 포함시켰습니다. 한식조리기능사 내용을 공부한 후 한국음식을 좀 더 공부하고자 하는 학생은 물론 한식에 관심 있는 분들에게도 많은 도움이 될 것이라 생각합니다.

이 책의 출판을 도와주신 백산출판사 진욱상 사장님 및 편집부장님 외 여러분께 고마움을 전합니다.

저자 씀

# $\mathcal{C}ontents$

# 한식 이론

# 제1장 한식 이론

## 1. 한국음식의 배경과 역사

우리나라는 아시아 동부에 위치한 반도로서 삼면이 바다로 둘러싸여 있고, 사계절의 구분이 뚜렷하며, 기후의 지역적인 차이가 있다. 이러한 자연환경에서 생산되는 농산물, 수산물, 축산품 등은 모두 재료가 풍부하고 다양하다. 따라서 이러한 지역적 특성을 살린 음식들이 고루 잘 발달되어 왔으며, 중국 대륙과 일본 열도 사이에 자리 잡고 있어 문화적으로는 두 나라와 공통점이 있지만 기후나 지형 조건이 다르므로 상이한 점도 많다.

한반도에서는 BC 6000년쯤부터 빗살무늬토기의 신석기문화가 싹트고 있었다.

이때의 신석기인들은 고기잡이와 사냥을 주로 했으며 후기에는 원시 농경생활로 점차 바뀌게 되었다. 우리나라에서 벼의 재배가 시작된 것은 BC 2000~1500년쯤부터이며, 벼, 기장, 조, 보리, 콩, 수수, 팥 등의 생산도 늘어나고, 유목계의 영향으로 가축의 생산도 크게 늘어났다.

농경은 더욱 발달하고, 제천의식 때는 제를 지낸 후 음주가무하는 풍습이 있었다고 한다. 이즈음에는 곡물을 쪄서 밥도 짓고, 떡도 만들며, 술을 빚는 기술이 뛰어나 중국에까지 널리 알려졌다. 이는 토기를 써서 만드는 음식이나 잿불, 움구덩이에서 익혀 먹는 단순 조리음식이다.

한편 우리 조상은 중국에서 전래된 농작물 외에 콩을 처음으로 재배하기 시작하였음이 최근 세계 여러 학자들에 의해 증명되고 있다. 콩의 원산지는 지금의 만주 지역으로 옛 고구려 터이고, 고구려인들은 콩을 이용한 조리가공법도 개발하였다. '시(豉)'는 콩을 발효시켜 소금을 섞은 것으로 일종의 메주인데, 옛날 중국의 책에 시(豉)란 글자는 없고 이는 외국어이며 왕국에서 들어온 것이라고 쓰여 있다. 여기서 외국어는 고구려를 가리킨다. 우리나라의 콩장이 중국과 일본에 전해져 동북아 세 나라가 세계 조미료의 분포상 콩장문화권을 이루게 된 것이다.

삼국시대에는 철기문화가 발달하였으며 이에 따라 농경기술도 혁신되어 벼농사가 널리 보급되었다. 또한 삼국시대에는 불교가 들어오면서 살생을 금하고 육식을 못하는 계율로 인하여 식생활에 커다란 영향을 끼쳤다.

통일신라시대를 거쳐 고려시대에 들어서자 불교는 더욱 융성해져 육식 습관은 쇠퇴하고 사찰음식이 크게 발달하였다. 불교가 융성함에 따라 부처님께 차를 바치는 헌다(獻茶)의 예와 풍류로 차를 즐기는 습관이 널리 성행하고, 다기(茶器)도 매우 발달하였으며 다도(茶道)의 예절도 생기게 되었다. 고려시대 전반기에는 권농정책(勸農政策)으로 농업이 성하였고, 농경기구의 개선에 힘썼으며 곡물을 비축하는 제도가 실시되었다.

고려시대 중기 이후에는 승려보다 무관의 세력이 강해져 사회풍조에도 변화가 생겼다. 육식의 습관이 다시 대두되었으며, 몽골족의 침입과 원나라와의 교류가 빈번해지고, 설탕, 후추, 포도주 등이 교역품으로 들어왔다.

고려시대에는 곡물음식의 조리법도 다양해져 『삼국유사』와 『목은집』에는 약밥에 대한 기록이 남아 있고, 그 외에 국수, 떡, 약과, 다식 등 여러 가지 다양한 음식이 생겼으며, 간장, 된장, 술, 김치 등 저장음식의 조리법이 완성되는 단계에 이르렀다.

그 후 조선시대에는 숭유배불정책으로 음차(飮茶)가 쇠퇴하는 반면 화채와 한약재를 달이는 탕차류와 주류의 종류가 많아지고 품질도 발달하였다. 또한 동양 삼국 중 우리나라만이 유일하게 숟가락과 젓가락을 함께 사용하는 전통을 지키고 있는 것도, 공자시대에 사용했던 숟가락을 조선시대의 숭유주의자들이 끝까지 버리지 않았기 때문이다.

유학자들은 의례를 중요시하여 주자(朱子)가 가르친 가례(家禮)를 모범으로 삼아 관례, 혼례, 상례, 제례 때의 규범으로 엄격하게 지켰다.

조선시대 중기 이후에 들어와서 식생활에 커다란 변화가 생겼다. 남방으로부터 고추, 감자, 고구마, 호박, 옥수수, 땅콩 등이 전래되었다. 특히 고추의 전래는 우리의 음식 맛을 급격하게 바꾸어 놓았다. 고추를 여러 가지 음식의 양념으로 이용하게 되고, 고추장도 만들고 김치에도 넣게 되어 오늘날 우리나라 음식의 특징인 매운맛과 선명한 붉은 빛깔이 나타나게 되었다.

조선시대는 고려시대에 비해 식품이 다양해지고 조리법은 고려시대를 이어받아 17세기 즈음에 더욱 다듬어져 상차림의 형식도 강해지게 되었다. 식생활이 다양해지면서 반가에서 음식을 만드는 조리서와 술 만드는 법을 적은 서적이 나오게 되었고, 명절이나 때에 따른 시식과 절식도 즐기게 되었으며 지방에 따라 특색 있는 향토음식이 등장하였다. 또한 궁중에서는 전국에서 올라오는 각종 진귀한 재료, 고도의 조리기술을 가진 주방상궁과 숙수(熟手)들에 의하여 한국음식 최고의 절정기를 누렸다. 조선왕조의 후기에 이르러 한국음식은 완성되었으나, 20세기에 들어와 서양문화와 중국·일본의 음식이 들어오게 되면서 한국음식에도 많은 영향을 주어 고유성이 변화되었다.

## 2. 한국음식의 특징

① 곡물을 중히 여겨 곡물음식이 다양하다.

우리 민족은 농경이 주업이므로 곡물을 가장 중요하게 여겼다. 쌀을 주식으로 하며 다른 곡물을 같이 먹게 한 점이 영양상 균형잡힌 식사를 하도록 했다.

그 곡물로 만드는 음식에는 죽, 국수, 만두, 수제비, 떡 등이 있어 일상식의 상차림에서 주식이 된다. 또 발효식인 장을 만들어 음식의 간과 맛을 내는 조미료로 발달시켰으며 호화시킨 곡물에 맥아를 첨가하여 당화시킨 엿을 만들어 모든 음식 특히 과자에 없어서는 안 될 감미료가 되었다.

잡곡은 주식 외에 떡, 묵, 장, 떡고물, 과자 등 다양한 곡물음식을 만드는 좋은 원료가 된다.

② 주식과 부식이 명확하게 구분되어 있고 주식에 따라 찬을 구성하므로 완벽한 한 끼 식사가 된다.

우리의 식생활은 주식인 밥과 여러 가지 찬물을 부식으로 먹는 것이 일상적인 식사의 형태이다. 부식은 채소, 육류, 어류 등의 재료와 다양한 맛의 조미료로 조리법을 달리하여 여러 가지 찬을 마련한다. 기본적으로 수조육, 채소, 해조류로 국물음식인 국이나 찌개를 한 가지 하고 그 밖의 찬물은 형편에 따라 다소를 정하여 밥과 같이 상에 차린다.

일상식의 음식 구성원칙은 같은 식품과 같은 조리법이 중복되지 않도록 하는 것을 기본 원칙으로 하여 여러 가지 식품과 여러 가지 조리법을 고르게 배합하는 것이다.

③ 다양한 재료와 고유한 조미료를 여러 가지 조리방법으로 응용, 음식의 수를 늘렸다.

곡류를 중심으로 구성된 주식은 밥, 죽, 국수, 만두, 떡국, 수제비류로 나뉘고 350가지 이상이 있다. 부식은 우리 음식의 반 이상을 차지하며, 육류, 어류, 채소류, 해초류 등을 재료로 하여 국, 찌개, 찜, 전골, 구이, 전, 조림, 볶음, 나물, 생채, 젓갈, 포, 장아찌, 김치 등의 조리법으로 1,500가지 이상이 있다. 일상식 외에 떡, 과자, 엿, 화채, 차, 술 등의 기호음식은 우리 음식의 1/4을 차지하며 800여 가지가 있다.

④ 발효식인 장류를 음식의 간과 맛을 내는 기본으로 하고, 향신료인 양념은 색다른 감칠맛을 주고 음식의 맛을 다양하게 만든다.

음식의 맛을 내는 데는 여러 가지 조미료를 복합하여 쓰는데, 우리나라 음식의 대부분은 '갖은양념'이라 하여 간장, 설탕, 파, 마늘, 깨소금, 참기름, 후춧가루, 고춧가루 등을 고루 넣는다. 이는 한국인이 식품 자체가 가진 맛보다는 식품재료에 여러 가지로 조미하여 어우러진 복합된 맛을 즐겨 먹는 이유가 되었다.

⑤ 동물성 식품과 식물성 식품을 균형있게 배합하여 하나의 음식을 만들고 양념을 사용하는 조리방법이 과학적이다.

주재료를 확실히 하면서 부재료를 쓴다. 고기가 주재료인 찜과 탕에는 채소, 버섯을 같이 쓴다. 궁중음식에서는 고기를 주 음식으로 하거나, 고기가 들어가지 않은 음식에는 표고버섯을 같이 넣는다. 나물에 기름기인 깨와 참기름을 꼭 넣는 것도 그 과학적인 실례라 할 수 있다.

재료를 적당히 섞어 쓰고, 조미료와 양념을 알맞게 넣음으로써 우리 몸을 건강하게 하는 영양적 기능과 상호 상승효과에서 전래음식이 얼마나 과학적인지를 알 수 있다.

조리하는 과정에서도 찌거나 끓이는 일차적 조리법이 많아 영양 손실이 적으므로 식품이 가진 영양을 그대로 섭취하도록 했다.

⑥ 음식 각각에 의식동원(醫食同源)의 기본 정신이 배어 있다.

한국음식의 재료 배합이나 조미료의 쓰임새는 의식동원(醫食同源)이나 약식동원(藥食同源), 즉 '입으로 먹는 음식이 몸에 약이 된다', '먹는 음식이 곧 약이 된다'라는 근본 사상이 내재되어 있다.

조선의 의학과 향약에 대한 국가시책은 가정의 식생활에까지 큰 영향을 끼쳐 양생음식, 보양음식을 보편화시키고 민중의 식생활에 자리 잡게 되었다.

죽이나 떡에 한약재를 넣어 보양음식, 보신, 병후 회복식으로 먹게 했으며, 음료도 한약재를 쉽게 마실 수 있는 탕차로 만들어 먹었다. 술에도 약재를 넣어 몸을 보하는 약용술로 만들어 반주를 하고, 무더운 삼복에는 인삼, 찹쌀, 마늘, 밤, 대추 등의 약재를 닭과 같이 푹 고아 먹는 계삼탕과 같은 보신음식을 만들어 먹게 한 기술이 바로 의식동원(醫食同源)을 실천한 예가 될 것이다. 일상의 음식에 꿀, 후추, 계피, 생강, 마늘이 늘 양념으로 쓰이고 잣, 호두, 은행, 밤, 대추가 고명으로 쓰임은 적은 양이라도 매일 조금씩 자연스럽게 약으로 섭취되도록 한 예이다.

양념이란 말은 한문으로 약념(藥念)으로 표시하는데, 이는 여러 조미료를 쓸 때 '몸에 이로운 약이 되도록 염두에 둔다'라는 뜻이라 할 수 있다. 그리고 약과(藥果), 약식(藥食), 약주(藥酒) 등 꿀과 참기름 등을 많이 넣어 맛을 낸 최상의 음식에 약(藥)자가 붙은 것을 보면 약식동원의 근본을 더욱 잘 알 수 있다.

⑦ 상차림에서는 조리법, 식사예절 등이 유교의 영향을 받아 어른 공경을 우선으로 하는 쪽으로 발전했다. 상차림법의 식단 구성이 주식, 때, 먹는 이에 따라 달라지며, 반가에서는 제사와 손님 대접에 필수인 가향주가 있어야 하겠기에 술 담그는 솜씨와 술안주의 솜씨가 특출했다.

한국음식에 사회적으로 가장 영향을 끼친 것은 조선시대의 유교사상이다.

새로 나온 먹거리나 음식은 조상에게 먼저 올리고, 그 다음에는 최고 어른, 가장의 순서대로 올려 집안의 계통을 바로 했다.

일상의 반상차림은 한 사람씩 차리는 외상차림이고, 반드시 어른이 먼저 들고 나서 아랫사람이 먹는다. 찬은 먹기 쉬운 형태로 다지거나 곱게 채썰어 조리하고 한입에 들어가도록 작게 만든다. 더욱이 독상에 올라가는 찬그릇은 작기 때문에 음식도 작게 만들었다. 독상차림은 특별한 신분의 사람이 아니라면 식사 때 서빙을 하지 않으므로 상에서 잘라 먹는 일이 없도록 했고, 가시나 뼈가 없도록 세심하게 신경을 써서 만들었다. 상 위에 음식을 차리는 법도 먹는 이가 가장 편한 자세로 먹을 수 있게 위치를 정하여 놓는다. 국물 음식은 오른쪽에, 뜨거운 음식은 앞에, 신선하고 특별한 음식은 앞에, 밑반찬은 왼쪽에 놓는 법이다. 수저를 상에 놓는 자리나 사용법, 음식을 먹는 순서, 식사의 예법도 엄격하다.

⑧ 명절식(名節食)과 시식(時食)의 풍습이 있어 민족의 동질감, 일체감을 갖고 나눔의 의

미를 부여하는 공동식이 발달했다. 더불어 생활에서의 멋을 시식음식에서 찾았다.

정월 초하루는 모든 한민족이 흰 떡국으로 시작하여 무사안일과 복을 비는 날이며, 대보름에는 오곡밥과 묵은 나물, 부럼을 먹어 무병하고 힘을 내어 일 년을 일 잘하자는 날로 삼았다.

추석에는 결실과 수확의 기쁨을 조상께 감사하며 서로 햇것으로 음식을 해서 나누어 먹으면서 기쁨을 나누고, 동지에는 팥죽을 쑤어 먹어 나쁜 일이 생기지 않기를 기원하는 날로 명절의 의미를 새기며 아직도 좋은 풍습으로 남아 있다. 제철에 나오는 재료를 음식으로 해서 먹는 법은 자연의 순리에 맞추어 건강하게 잘살 수 있는 방법이며 정서를 순화하는 좋은 방법이다.

⑨ 다양한 지리적 조건에 맞추어 토속적인 민속음식이 많고 지방 유림세력의 농장 확장, 향음의례(鄕飮儀禮)의 주도, 향시는 고급의 향토음식을 만들어 정착시켰다.

향토음식은 그 지역의 지리적·기후적 특성에서 생산되는 지역 특산물의 음식 재료를 가지고 그 지역에서만 전수되는 고유한 조리법으로 만들어진 음식이어서 어떤 전통음식보다 가치가 있는 토속민속음식(土俗民俗飮食)이다. 각 지방 유림에서의 제사에는 전통음식이 가장 잘 보존되어 있으며 한번에 많이 만들 수 있는 음식, 정성과 규모를 갖춘 음식을 만들었으며 아직도 음식법을 그대로 지켜 내려오고 있다.

⑩ 농사에 의존한 식생활의 어려움을 해결하기 위해 예부터 구황식품과 구황음식이 발달하여 새로운 차원의 건강식이 되었다.

『구황촬요』, 『구황벽곡방』에 수록된 구황용 식품으로는 주로 산야에 자생하는 식물의 어린잎, 어린 싹, 열매, 뿌리, 나무껍질로, 산야에 자생하는 식용이 가능한 식물과 초목 등은 850여 종에 이른다.

## 3. 음양오행사상(陰陽五行思想)

음양오행사상은 한국의 전통적 색채를 사용하는 방식과 관념에 큰 영향을 주어 붉은색(赤, 朱), 황색(黃), 백색(白), 검은색(黑, 玄), 청색(靑)의 오방색(五方色)체계로 구성되는데, 이는 음식문화에도 반영되어 의미 중심으로 배색을 하였다. 반상차림의 음식은 오방색과 오미(五味 - 단맛, 짠맛, 신맛, 쓴맛, 매운맛)를 갖추었다.

오방색으로 골고루 배합되어 색의 조화를 이루고 식품 자체의 단맛, 짠맛, 신맛, 쓴맛, 매운맛을 가진 식품재료를 골고루 선택하였으며 양념을 할 때도 오미의 조화를 이루게 하였다.

## 1) 적색 음식

적색 식품은 특히 심장에 좋다. 붉은색인 적(赤), 주(朱)는 오행에서 화(火)에 상응하며 만물이 무성한 남쪽(南)에 해당된다. 태양, 물, 피와 같이 생성과 창조, 정열과 애정, 적극성을 뜻하며 왕성하고 만물이 무성하여 생명을 낳고 지키는 힘을 상징한다.

고혈압과 동맥경화에 효과가 있는 성분이 풍부하며, 성인병 예방에 효과가 좋다. 적색 식품으로는 토마토, 대추, 구기자, 오미자, 구아바, 수박, 사과, 가지, 소(쇠)고기, 꽃게, 새우, 홍합, 홍고추, 당근, 토끼고기, 소고기, 돼지고기, 백년초, 지치, 딸기, 팥, 복분자, 산수유, 간, 홍화씨 등이 있다.

## 2) 황색 음식

황색 식품은 특히 비장과 위장에 좋다. 황색은 오행의 토(土)로 방위하는 중앙을 상징한다. 모든 색의 근원으로 숭상되므로 중국에서는 천자(天子)의 색으로 가장 존귀한 색으로 여겼으며 우리나라도 황색은 임금님을 상징한다.

동양 영양학적 관점에서 황색(黃色)은 비장과 위장, 입 등에 연결되어 있는 기운이다. 비장과 위장의 색은 노란색이며 단맛을 주관하고, 황색을 띠는 음식은 소화력 증진에 도움이 된다.

황색 식품으로는 약호박, 벌꿀, 인삼, 잣, 밤, 고구마, 귤, 치자, 옥수수, 메조, 늙은 호박, 달걀노른자, 호박꽃, 기장쌀, 녹두, 생강, 단감, 유자, 황설탕, 송화, 도라지, 수삼, 황기 등이다. 황적색의 주된 색소는 카로티노이드로 자연노화를 지연시키고 항암효과가 뛰어나며 발육촉진, 피부보호효과 등이 알려져 있다.

## 3) 백색 음식

백색 식품은 특히 폐에 좋다. 백색(白色)은 오행의 금(金)으로 방위는 서쪽에 해당하고 폐와 기관지를 건강하게 하는 효과가 있다. 청정과 순결, 광명과 도의의 표상인 백색은 태양의 색이라는 상징을 가지고 있다.

동양 영양학적 관점에서 백색은 폐(肺), 대장, 코에 연결되어 있는 기운이다. 폐의 색은 흰색이며, 매운맛을 주관한다. 백색 음식은 폐나 기관지가 약한 체질인 사람에게 도움이 되며 조금씩 꾸준히 먹으면 그 기능이 향상된다.

백색 식품으로는 무, 배, 콩나물, 연근, 마늘, 쌀, 밀, 무, 박, 동아, 죽순, 닭고기, 오징어, 흰 생선, 패주, 연버섯, 죽순, 배추, 마, 우엉, 더덕, 도라지, 양파, 양배추, 감자, 고구마, 옥수수 등 식물의 잎, 꽃, 뿌리, 열매, 줄기에 많이 함유되어 있다.

## 4) 청색 음식

청색 식품은 특히 간에 좋다. 청색 음식은 면역체계를 강화하고 에너지와 건강을 증진시키는 수액을 받는 것과 같다.

동양 영양학적 관점에서 청색(靑色)은 오행 중 목(木)에 해당되며 간(肝), 담(膽), 근육에 연결되어 있는 기운이다. 방위는 동쪽에 해당하고, 오장에서는 간, 육부에서는 담, 오관에서는 눈을 나타낸다.

색은 푸른색이며 맛은 신맛이고 교감신경계에 작용하여, 소리 지르고, 눈물 흘리는 등의 감정과 연관되어 있다. 청색은 간장의 기능을 도와주며 공해물질에 대한 해독작용이 강하고 몸의 신진대사를 원활하게 하며 피로를 풀어준다.

또한 푸른색의 식품은 엽록소가 풍부해 질병의 자연 치유력을 높여준다. 간장에 좋은 푸른잎 채소는 시금치, 쑥갓, 케일, 청경채, 미나리, 상추, 파, 뽕잎, 머위잎, 키위, 쑥, 승검초, 파래 등이다. 음료로 커피보다는 녹차를 마시는 것이 노화방지와 항산화효과가 있어 좋다.

## 5) 검은색 음식

검은색 식품은 특히 신장에 좋다. 흑색은 오행의 수(水)에 상응하며, 방위는 북쪽이고, 인간의 지혜를 관장한다. 계절은 겨울로 다음 봄을 준비하는 기간으로 소생을 상징함과 동시에 만물의 흐름과 변화를 뜻한다. 신장에 해당하고 맛은 짠맛이다.

동양 영양학적 관점에서 신장, 방광, 귀, 뼈 등과 연결되어 있는 기운이다.

신(腎)은 단순히 신장에 국한되지 않고 부신을 포함해 인간의 성장, 발육, 생식을 관장하는 기능과 호르몬 분비기능 등의 포괄적인 의미를 내포하는데, 소변을 걸러낼 뿐 아니라 뼈와 근육, 생식기 등을 총체적으로 관리하는 곳이다.

성장, 발육, 생식을 관장하는 신(腎)의 기능을 활성화시키면 노화를 예방할 수 있다. 검은색 식품으로는 흑염소, 흑미, 흑임자, 검은콩, 석이버섯, 목이버섯, 미꾸라지, 자라, 홍어, 오골계, 천엽, 양장어, 잉어, 표고, 소라, 해삼, 전약, 김, 미역, 다시마 등이 있다.

이 중 특히 검은깨는 노화방지, 정력증진, 신장기능 강화효과가 뛰어나다.

서양 영양학적 관점에서 검은색의 색소는 안토시아닌, 이소플라본 등이다.


# 4. 의례식

사람이 출생하여 이승을 떠날 때까지 치르는 의식을 통과의례라 하는데, 동양문화권에서는 인륜지대사라 하여 사례(四禮)를 치르는 일을 매우 중요하게 여긴다. 사례란 곧 관례, 혼례, 상례, 제례를 말하며 모든 의식에는 빠짐없이 특별한 식품이나 음식을 반드시 차리는데, 거기에는 기원, 복원, 기복, 존대의 뜻이 따른다.


## 1) 관례

관례는 남자, 계례는 여자의 성년식을 말한다. 남자는 어른이 되는 의미로 복색을 어른 옷으로 입고, 머리는 올려 상투를 틀어서 갓을 쓰는 의식을 행하였다. 여자는 시집가기 직전에 머리에 쪽을 찌고 비녀를 꽂는 예가 있다. 관례날을 택일하고 2~3일 전에 사당에 고유(告由)하는데 제수는 주(酒), 과(果), 포(脯) 또는 해(醢) 등으로 간소하게 차린다.


## 2) 혼례

혼례는 남녀가 부부의 인연을 맺는 일생일대의 가장 중요한 행사 중 하나이다. 신랑 신부가 혼례식을 올릴 때 절하는 상을 초례상이라 하는데, 먹는 음식으로는 떡과 과일류 외에는 차리지 않는다. 쌀, 팥, 콩 등의 곡물과 대나무, 사철나무를 놓는다. 잔치에 온 손님들에게 장국상을 마련하여 대접한다.

신랑집에서 신부집에 함을 보내는 절차로 봉채떡(혹은 봉치떡)이 사용되는데 '부부의 금실이 찰떡처럼 화목하게 귀착되라'는 뜻으로 찹쌀로 떡을 하며, 두 켜로 올린 것은 부부

한쌍을 뜻하고, 7개의 대추는 아들 형제를, 붉은 팥고물은 액을 면하게 하는 의미가 있다.

### 3) 상례

부모님이 수를 다하여 돌아가시면 자손들은 경건하고 엄숙하게 예를 갖추어 의식절차에 따라 장사를 지내게 되는데 이것이 상례이다. 마지막으로 입에 버드나무 수저로 쌀을 떠 넣어 이승의 마지막 음식을 드리고 망인을 저승까지 인도하는 사자(使者)를 위해 사잣밥을 해서 대문 밖에 차린다. 입관이 끝나면 혼백상을 차리고 초와 향을 피운다. 주, 과, 포를 차려놓고 상주는 조상(弔喪)을 받는다.

### 4) 제례

제례는 가가례(家家禮)라 하여 집안이나 고장에 따라 제물과 진설법이 다르다. 제사란 자손이 생전에 못다 한 정성을 돌아가신 후에 효도로써 올리는 일이니 무엇보다 정성이 중요하다.

제사에 차리는 제물은 주, 과, 포가 중심이고 떡과 메, 갱, 적, 전, 침채, 식혜 등 찬물을 놓는다.

## 5. 시절식(時節食)

예부터 우리 조상들은 명절과 춘하추동 계절에 나는 새로운 음식을 즐겨 먹는 풍습이 있다. 다달이 있는 명절날에 해먹는 음식을 절식이라 하고, 시식은 춘하추동 계절에 따라 나는 재료로 만든 음식을 통틀어 일컫는다. 예부터 홀수이면서 같은 숫자로 되는 날을 큰 명절로 여겼는데 단일(端一), 단삼(端三), 단오(端午), 칠석(七夕), 중구(重九)가 있다.

**시절식**

| 월 | 명절 및 절후명 | 음식의 종류 |
|---|---|---|
| 1 | 설날 | 떡국, 만두, 편육, 전유어, 육회, 느름적, 떡찜, 잡채, 배추김치, 장김치, 약식, 정과, 강정, 식혜, 수정과 |
| | 대보름 | 오곡밥, 김구이, 아홉 가지 나물, 약식, 유밀과, 원소병, 부럼, 나박김치, 귀밝이술 |

| 2 | 중화절 | 약주, 생실과(밤, 대추, 건시), 포(육포, 어포), 노비송편, 유밀과 |
|---|---|---|
| 3 | 삼짇날 | 약주, 생실과(밤, 대추, 건시), 포(육포, 어포), 절편, 화전(진달래), 조기면, 탕평채, 화면, 진달래화채 |
| 4 | 초파일(석가탄신일) | 느티떡, 쑥떡, 국화전, 양색주악, 생실과, 화채(가련수정과, 순채, 책면), 웅어회 또는 도미회, 미나리강회, 도미찜 |
| 5 | 단오(오월 오일) | 증편, 수리취떡, 생실과, 앵두편, 제호탕, 준치만두, 준칫국 |
| 6 | 유두(유월 보름) | 편수, 깻국, 어선, 어채, 구절판, 밀쌈, 생실과, 화전(봉선화, 감꽃잎, 맨드라미), 복분자화채, 보리수단, 떡수단 |
| 7 | 칠석(칠월 칠일) | 깨찰편, 밀설기, 주악, 규아상, 흰 떡국, 깻국탕, 영계찜, 어채, 생실과(참외), 열무김치 |
| | 삼복 | 육개장, 잉어구이, 오이소박이, 증편, 복숭아화채, 구장, 복죽 |
| 8 | 한가위(팔월 보름) | 토란탕, 가리찜(닭찜), 송이산적, 잡채, 햅쌀밥, 나물, 생실과, 송편, 밤단자, 배화채, 배숙 |
| 9 | 중양절(구월 구일) | 감국전, 밤단자, 화채(유자, 배), 생실과, 국화주 |
| 10 | 무오일 | 무시루떡, 감국전, 무오병, 유자화채, 생실과 |
| 11 | 동지 | 팥죽, 동치미, 생실과, 경단, 식혜, 수정과, 전약 |
| 12 | 그믐 | 골무병, 주악, 정과, 잡과, 식혜, 수정과, 떡국, 만두, 골동반, 완자탕, 갖은 전골, 장김치 |

자료: 황혜성, 황혜성의 조선왕조궁중음식, 사단법인 궁중음식연구원, 1995, p. 47.


# 6. 사찰식

불가에서는 살생을 금하므로 육식을 하지 않고 오직 땅에서 얻어진 것만을 음식으로 삼는다. 승려들의 식사를 발우공양(鉢盂供養)이라 한다.

사찰에서 쓰는 음식은 식물성 식품에 소금, 간장, 참깨, 참기름, 들기름, 콩기름, 고추, 후추, 생강을 양념으로 쓰지만 오신채(五辛菜: 파, 마늘, 달래, 부추, 홍거)는 음욕과 분노를 유발한다고 해서 금기식품으로 되어 있다. 김치는 생강, 고추, 소금으로만 담근다.


# 7. 궁중음식과 반가음식

우리나라의 문화는 왕의 통치 아래에서 발달되었다. 그중에서도 음식문화는 물자가 풍부하고 한국의 토산품이 총망라된 궁중의 음식을 제일로 친다.

궁의 음식은 좋은 물자를 이용하여 조리기술이 능숙한 주방나인과 숙수가 정성들여 만들고, 중국에서 들어온 음식법도 적절히 받아들였다. 궁에서는 평상시 수라상을 차리는 일 외에 왕과 왕비, 왕족의 탄신, 혼인 때 진작, 진연, 진찬의 크고 작은 잔치를 베푸는 의식이 많았다. 또 외국 사신 영접식, 가례식, 제례 등의 의식에도 다양하게 차렸다.

궁의 잔치음식을 만들려면 작은 주방으로는 되지 않는다. 그래서 잔치음식을 만들 때는 내숙설소를 설치하고 가가(假家)를 지었으며 잔치가 끝난 후에 치워버렸다. 큰 전각 가까운 대문 안의 적당한 곳에 크게 짓고, 숙수가 며칠을 두고 음식을 만들었다. 상차림에 있어서도 올라가는 상의 이름과 상의 수효, 음식의 가짓수와 분량이 잔치의 종류에 따라 모두 달랐다.

반가음식이란 서민이 아닌 양반층의 음식으로 궁중을 출입하고 왕가와 친척관계에 있으므로 궁의 식생활을 본받아 자연히 품위를 갖추어 사치스러울 수밖에 없었다. 궁의 혼인제도는 반가에서 왕비, 세자빈을 간택하고 공주, 옹주는 반가로 시집보내니 그에 따라 왕가의 풍속을 이어가게 되었다. 대갓집의 음식솜씨는 시어머니, 며느리, 손주며느리의 손에서 손으로 전해진다. 또 필사본으로 음식 만드는 법을 적은 것이 아직까지 전승되므로 바로 전통음식이라 할 수 있으며 우리에게 귀중한 자료가 된다. 반가음식은 평소 여자들이 만들었으나 잔치나 제사 때는 남자 숙수들이 일을 하고, 찬방에는 찬모, 반모, 무수리, 비자들이 일을 하고 주인은 총감독을 하였다.

## 1) 수라상의 찬품단자와 기명

| 궁중의 음식명 | | 일반의 음식명 | 기명 |
|---|---|---|---|
| 기본음식 : 밥과 탕, 그리고 기본 찬 | | | |
| 수라 | 흰밥, 팥밥 2가지 | 밥, 진지 | 수라상, 주발 |
| 탕 | 미역국, 곰탕 2가지 | 국 | 탕기, 갱기 |
| 조치 | 토장조치, 젓국조치 2가지 | 찌개 | 조치보, 뚝배기 |
| 찜 | 육류, 생선, 채소의 찜이나 선 | 찜 | 조반기, 합 |
| 전골 | 화로와 전골틀을 준비하여 곁반에서 만들어 대접함 | | 전골틀, 합, 종지, 화로 |
| 김치 | 젓국지, 송송이, 동치미 또는 나박김치의 세 가지 김치 | 배추김치, 깍두기, 동치미 | 김치보 |
| 장류 | 청장, 초장, 눈집, 겨자집 | 장, 초장, 초고추장 | 종지 |

| 찬품 : 12가지 찬품 | | | |
|---|---|---|---|
| 더운 구이 | 육류, 어류의 구이나 적 | 구이, 산적, 누름적 | 쟁첩 |
| 찬 구이 | 김, 더덕 등 치소의 구이 | 구이 | 쟁첩 |
| 전유화 | 육류, 어류, 채소의 전 | 전유어, 저냐, 전 | 쟁첩 |
| 숙육 | 삶은 육류를 얇게 썬 것 | 편육 | 쟁첩 |
| 숙채 | 익혀서 조리한 채소 음식 | 나물 | 쟁첩 |
| 생채 | 날로 무친 채소 음식 | 생채 | 쟁첩 |
| 조리개 | 육류, 어류, 채소류의 조림 | 조림 | 쟁첩 |
| 장과 | 채소류의 장아찌나 갑장과 | 장아찌 | 쟁첩 |
| 젓갈 | 어패류의 젓갈 | 젓갈 | 쟁첩 |
| 마른 찬 | 포, 자반, 튀각 등의 마른 찬 | 포, 튀각, 자반 | 쟁첩 |
| 회 | 육회, 어패류의 생회, 숙회 | 회 | 쟁첩 |
| 별찬 | 수란 또는 다른 별찬 | | 쟁첩 |
| 차수 | 차 수 | 차수 | 다관, 대접 |

자료: 황혜성, 황혜성의 조선왕조궁중음식, 사단법인 궁중음식연구원, 1995, p. 14.


## 2) 궁중음식의 종류

### (1) 주식류

#### ① 곡류로 만드는 음식

㉠ 수라 : 흰수라, 팥수라, 오곡수라

㉡ 죽, 미음, 응이 : 팥죽, 잣죽, 흑임자죽, 콩국, 장국죽, 행인죽, 타락죽, 낙화생죽, 조미음, 속미음, 차조미음, 녹말응이, 율무응이

㉢ 면, 만두, 떡국 : 장국냉면, 김치국냉면, 온면, 국수비빔, 콩국냉면, 생치만두, 동아만두, 편수, 규아상, 떡국

㉣ 떡 : 각색편, 백설기, 깨설기, 팥시루편, 흰떡, 인절미, 고엽점증병, 증편, 봉우리떡, 송편, 각색단자, 밤단자, 은행단자, 경단, 주악, 화전, 밀쌈, 돈전병, 대추단자


### (2) 찬품류

#### ① 우육으로 만드는 음식

㉠ 포 : 약포, 장포, 편포, 대추편포, 포쌈

㉡ 족편 : 용봉족편, 족편, 족장과

㉢ 편육 : 양지머리편육, 우설편육

㉣ 조리개 : 우육조리개, 편육조리개, 장똑똑이, 장산적

ⓜ 구이 : 가리구이, 너비아니, 간구이, 염통 콩팥구이, 포구이, 편포구이

ⓑ 산적과 느름적 : 육산적, 장산적, 섭산적, 화양적, 잡느름적

ⓢ 전유어 : 간, 등골, 천엽, 양전유아, 양동구리

ⓞ 회와 볶음 : 육회, 각색회, 각색볶음, 양볶이

ⓩ 찜 : 가리찜, 육찜, 우설찜

ⓒ 탕 : 가리탕, 잡탕, 곰탕, 두골탕, 설농탕, 맑은탕, 봉오리탕, 황볶이탕, 육개장


② 돈육 및 노루고기로 만드는 음식

돈육찜, 돈육전골, 돈육구이, 돼지족구이, 제육편육, 노루전골, 노루포


③ 닭 및 생치로 만드는 음식

· 닭찜, 백숙, 깨국탕, 닭김치, 닭산적

· 계란조치, 알쌈, 수란

· 생치포, 생치구이, 생치전골, 생치조리개, 생치과전지


④ 어패류로 만드는 음식

ⓖ 포 : 어포

ⓛ 찜 : 생선찜, 부레찜, 도미찜, 도미면, 생복찜, 대하찜, 어선, 어만두

ⓔ 전골 : 생선전골

ⓔ 전 : 뱅어, 대합, 생선, 굴, 해삼, 게, 대하

ⓜ 회 : 생회, 어채, 홍합회, 대하회

ⓑ 구이, 산적 : 생선구이, 꼴뚜기구이, 뱅어포구이, 대합구이, 어산적

ⓢ 초, 조리개, 장과 : 전복초, 홍합초, 삼합장과, 홍합장과, 생선조리개

ⓞ 조치, 감정 : 생선조치, 게감정

ⓩ 탕 : 생선탕, 어알탕, 준치만두, 북어탕


⑤ 채소, 버섯, 해조류로 만드는 음식

ⓖ 전골 : 각색전골, 채소전골, 두부전골

ⓛ 찜 : 속대배추찜, 송이찜, 죽순찜, 떡찜, 떡볶이, 배추꼬리찜, 무왁저지

ⓔ 선 : 호박선, 오이선, 가지선, 두부선

ⓐ 조치 : 절미된장조치, 김치조치, 무조치, 깻잎조치

ⓜ 장과 : 배추속대장과, 미나리장과, 무갑장과, 무장아찌, 송이장과, 열무장과, 오이
　　장과, 마늘장과

ⓑ 조리개 : 풋고추조리개, 두부조리개, 감자조리개

ⓢ 전 : 풋고추전, 호박전, 가지전

ⓞ 적과 구이 : 송이산적, 파산적, 떡산적, 김치적, 두릅적, 미나리적, 더덕구이, 박느
　　름이

ⓩ 생채와 나물 : 겨자채, 무생채, 숙주나물, 물쑥나물, 고비나물, 오가리나물, 미나리
　　나물, 애호박채, 죽순채, 잡채, 족채, 묵채, 구절판, 미나리강회

ⓩ 탕 : 연배추탕, 애탕, 청파탕, 호박꽃탕, 초교탕, 참외탕, 송이탕, 토란탕, 배추속대
　　탕, 무황볶이탕, 콩나물탕, 곽탕

ⓚ 김치 : 햇김치, 열무김치, 나박김치, 오이송송이, 오이비늘김치, 배추통김치, 젓국
　　지, 석박지, 장김치, 동치미, 송송이, 보쌈김치, 오이속박이, 짠지

ⓣ 자반과 튀각 : 김자반, 김부각, 미역자반, 다시마튀각, 매듭자반, 콩자반, 묵볶이,
　　호두튀각


## (3) 후식류

### ① 떡, 과자

ⓖ 유밀과 : 약과, 매작과, 다식과, 한과, 만두과, 중배기, 채소과

ⓛ 다식 : 녹말, 소오하, 흑임자, 밤, 승검초, 콩, 용안육다식

ⓒ 숙실과 : 율란, 조란, 생란, 앵두편, 살구편, 백자편, 잣박산, 대추초, 밤초, 준시, 호
　　도말이

ⓔ 정과 : 연근, 생강, 유자, 도라지, 동아, 산사, 모과, 청매정과

ⓜ 강정 : 강정, 깨엿강정, 빙사과


### ② 음청류

ⓖ 화채 : 책면, 화면, 가련수정과, 앵두화채, 보리수단, 딸기화채, 복숭아화채, 유자화
　　채, 식혜, 배숙, 수정과, 떡수단, 원소병

ⓛ 차 : 녹차, 계지차, 결명자차, 율무차, 오과차, 유자차, 모과차, 생강차, 구기자차

## 3) 반상 상차림

반상은 반상기 중에 뚜껑이 있는 작은 찬그릇인 쟁첩에 담는 찬품의 가짓수에 따라 3첩 반상, 5첩 반상, 7첩 반상, 9첩 반상으로 나뉜다. 궁중에서만 12첩 반상을 차리고 민가에서는 9첩까지로 제한하였다. 기본으로 놓는 것은 밥, 국, 김치, 청장이고 5첩 반상에는 찌개를 놓으며 7첩 반상에는 찜을 놓는다. 전, 편육을 찬으로 놓을 때에는 찍어 먹을 초간장, 초고추장, 겨자즙 등의 조미품도 함께 곁들인다. 김치도 찬품의 수가 늘어남에 따라 두세 가지를 놓는다. 찬품을 마련할 때에는 음식의 재료와 조리법이 중복되지 않도록 하고 계절식품을 선택하여 훌륭한 식단을 구성한다.

| 구분 / 첩수 | 기본음식 | | | | | | | 쟁첩에 담는 반찬 | | | | | | | | | |
|---|---|---|---|---|---|---|---|---|---|---|---|---|---|---|---|---|---|
| | 밥 | 국 | 김치 | 장류 | 찌개 | 찜 | 전골 | 생채 | 숙채 | 구이 | 조림 | 전 | 장아찌 | 마른찬 | 젓갈 | 회 | 편육 |
| | 주발사발 | 탕기 | 보시기 | 종지 | 조치보 | 합 | 전골틀 | 쟁첩 | 쟁첩 | 쟁첩 | 쟁첩 | 쟁첩 | 쟁첩 | 쟁첩 | 쟁첩 | 쟁첩 | 쟁첩 |
| 3첩 | 1 | 1 | 1 | 1 | × | × | × | 택1 | | 택1 | | × | 택1 | | | × | × |
| 5첩 | 1 | 1 | 2 | 2 | 1 | × | × | 택1 | | 1 | 1 | 1 | 택1 | | | × | × |
| 7첩 | 1 | 1 | 3 | 3 | 1 | 택1 | | 1 | 1 | 1 | 1 | 1 | 택1 | | | 택1 | |
| 9첩 | 1 | 1 | 3 | 3 | 2 | 1 | 1 | 1 | 1 | 1 | 1 | 1 | 1 | 1 | 1 | 1 | 택1 |

자료: 황혜성, 황혜성의 조선왕조궁중음식, 궁중음식연구원, 1995.

・**수라상**

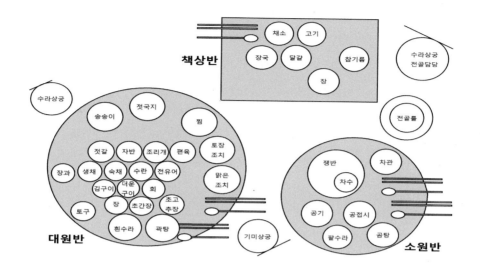

## 8. 한국음식의 양념

음식을 만들 때 식품이 지닌 고유한 맛을 살리면서 음식마다 특유한 맛을 내는 데 여러 가지 재료가 사용된다. 이러한 것들을 '양념'이라 하고 양념은 조미료와 향신료로 나눌 수 있다. '양념'이란 한자로 약념(藥念)으로 표기하는데 '먹어서 몸에 약처럼 이롭기를 바라는 마음으로 여러 가지를 고루 넣어 만든다'는 뜻이 담겨 있다. 조미료는 기본적으로 짠맛, 단맛, 신맛, 매운맛, 쓴맛의 다섯 가지 기본 맛을 내는 것들로, 음식에 따라 이 조미료들을 적당히 혼합하여 알맞은 맛을 낸다.

| 기본 오미 | 식품 |
|---|---|
| 짠맛 | 소금, 간장, 된장, 고추장 |
| 단맛 | 설탕, 꿀, 조청, 엿 |
| 신맛 | 식초, 감귤류의 즙 |
| 매운맛 | 고추, 겨자, 천초, 후춧가루, 생강 |
| 쓴맛 | 생강 |

## 1) 소금

소금은 음식의 맛을 내는 데 가장 기본적인 조미료로 짠맛을 낸다.

소금의 종류는 호렴, 재염, 재제염, 식탁염, 맛소금 등으로 나눌 수 있다. 호렴은 입자가 굵어 모래알처럼 크고 색이 약간 검다. 대개 장을 담그거나 채소나 생선의 절임용으로 쓰인다.

재염은 호렴에서 불순물을 제거한 것으로 재제염보다는 거칠고 굵으며 간장이나 채소나 생선의 절임용으로 쓰인다.

소금의 짠맛은 신맛은 약하게 느끼게 하고, 단맛은 더욱 강하게 느끼게 한다.


## 2) 간장

간장은 한국의 전통 발효식품 중 하나로 콩을 주원료로 제조된 조미식품이다(Park HR 등, 2012). 예로부터 간장은 과거 육류자원이 풍부하지 못하였을 때 곡류 섭취로 부족하기 쉬운 필수아미노산 및 지방산의 공급원이 되었으며, 현재까지도 한국인의 식생활에 깊게 자리매김하여 짠맛을 제공하는 조미료로 사용되고 있다(Choi SY 등, 2006). 또한 짠맛 외에도 발효과정을 통해 다양한 아미노산과 유리당, 유기산이 생성되어 구수한 맛, 단맛, 신맛 등을 제공한다(Choi KS 등, 2000).

간장은 제조방법에 따라 재래식 간장과 개량식 간장으로 구분된다. 재래식 간장은 대두를 이용하여 메주를 만들어 자연발효시킨 후 염수에 담금하고 숙성, 발효시켜 건더기와 여액을 분리하여 그 여액을 가공한 것으로 재래 한식간장, 재래식 조선간장 또는 재래식 국간장으로 불린다(Kim DH 등, 2001; Park HR 등, 2012). 개량식 간장은 개량식 메주를 이용하여 발효, 숙성시켜 그 여액을 가공한 개량 한식간장(개량식 국간장)과 대두, 탈지대두 또는 곡류 등에 누룩균 등을 배양하여 염수 등에 섞어 발효, 숙성시켜 그 여액을 가공한 양조간장으로 분류된다(Kim ND, 2007; Kim DH 등, 2001; Korea Food and Drug Administration, 2013).

재래식 간장은 제조시간과 노력이 많이 요구되어 개량식 간장의 소비가 증가하고 있지만(Kim YA & Kim HS, 1996; Oh GS 등, 2003; Kim JG, 2004), 소비자들의 웰빙, 슬로푸드 등에 대한 관심이 높아짐에 따라 전자상거래를 통한 판매가 점진적으로 증가하고 있으며, 최근 들어 기업에서도 개량 한식간장을 제조하여 우리 고유의 음식맛을 살리고자 하는 추세이다(Choi NS 등, 2013).

간장의 '간'은 소금의 짠맛을 나타내고, 된장의 '된'은 되직한 것을 뜻한다. 음식의 종류에 따라 간장의 종류를 구별해서 써야 하는데, 국, 찌개, 나물 등에는 색이 엷은 청장(국간장, 재래식 간장)을 쓰고, 조림, 초, 포 등의 조리와 육류의 양념은 진간장(개량식 간장)을 쓴다. 간장은 주방에서 조리할 때 조미료로써뿐만 아니라, 상에서 쓰이는 초간장, 양념간장 등을 만드는 데도 쓰인다. 전유어나 만두, 편수 등에 곁들여낼 때의 초간장은 간장에 식초를 넣고, 양념간장은 고춧가루, 다진 파, 다진 마늘 등을 넣어야 더 맛이 있다.

## 3) 된장

장류는 우리 조상들의 지혜를 모아서 여러 가지 형태로 가공된 조미식품으로 콩을 원료로 한 발효식품이며(Jun Hi, Song GS, 2012), 특히 된장은 한국인의 식생활에서 김치, 젓갈류와 함께 가장 중요한 식품으로(Seo JH, Jeong YJ, 2001) 그 수요가 광범위한 것으로 알려져 있다(Lee KI 등, 2001). 또한 된장은 곡류 단백질에서 부족하기 쉬운 필수아미노산을 비롯하여 지방산, 유기산, 미네랄, 비타민 등을 보충해 주는 영양학적 우수성을 지닌 식품이다(Jun HI, Song GS, 2012).

된장은 조미료뿐만 아니라 단백질 급원 식품 역할까지 하였으며, 주로 토장국과 된장찌개의 맛을 내는 데 쓰이고 상추쌈이나 호박쌈에 곁들이는 쌈장과 장떡의 재료가 된다.

최근에는 된장과 조화를 이루며 기능성을 강화할 수 있는 소재를 첨가한 제품이 연구 및 개발되고 있는데, 마 첨가 된장(Jun HI, Song GS, 2012), 감귤, 녹차, 선인장 분말 첨가 된장(Kim JH 등, 2010), 가시오가피, 당귀, 산수유를 첨가한 된장(Lee YJ, Han JS, 2009), 유자즙 첨가 된장 등 첨가되는 소재의 종류가 매우 다양하다(Kang JR 등, 2014).

## 4) 고추장

고추장은 우리 고유의 간장, 된장과 함께 발효식품으로 세계에서 유일한 매운맛을 내는 복합 발효 조미료이다.

단백질로부터 유래되는 정미성분, 고추의 매운맛과 당류에서 오는 단맛, 고추장 제조에 사용된 곡물류의 단백질이 효소작용에 의해 분해되면서 생성된 아미노산과 핵산에서 오는 구수한 맛, 식염에 의한 짠맛, 그리고 미생물의 대사 및 발효작용으로 생성되는 유기산에 의한 신맛이 잘 조화를 이루어 고추장 고유의 풍미를 지니고 있다(Kim YS 등, 1993; Kim YS 등, 1994; Kim MS 등, 1998; Kim DH & Kwon YM, 2001). 뿐만 아니라 고추장은 된장, 청국장 등의 기능성 연구보고와 함께 비만억제 및 항암효과, 항변이원성, 항산화성과 같은 다양한 생리적 기능성을 지닌 것으로 알려져 있다(Choo JJ, 2000).

고추장은 된장과 마찬가지로 토장국이나 고추장찌개의 맛을 내고 생채나 숙채, 조림, 구이 등의 조미료로 쓰인다. 고추장을 볶아서 찬으로도 하고 그대로 쌈장으로도 많이 쓰인다.

경상도와 전라도 지방에는 메줏가루를 넣지 않고 조청을 고아서 고춧가루를 섞고 소금으로 간을 한 엿꼬장도 있다.

### 5) 설탕, 꿀, 조청

설탕은 단맛을 내는 조미료로 가장 많이 쓰이는데 우리나라에는 고려시대에 들어왔으나 귀해서 일반에서는 널리 쓰지 못했다. 예전에는 꿀과 집에서 만든 조청이 감미료로 많이 쓰였다.

조청은 곡류를 엿기름으로 당화시켜 오래 고아서 걸쭉하게 만든 묽은 엿으로 누런 색이고 독특한 엿의 향이 남아 있다. 요즈음에는 한과류와 밑반찬용의 조림에 많이 쓰인다.

꿀은 꿀벌이 꽃의 꿀과 꽃가루를 모아서 만든 천연 감미료로 꿀벌의 종류와 밀원이 되는 꽃의 종류에 따라 색과 향이 다르다. 꿀은 약 80%가 과당과 포도당이어서 단맛이 강하고 흡습성이 있어 음식의 건조를 막아준다.

예전에는 죽이나 떡을 상에 낼 때 종지에 담아 함께 냈으며, 한문으로는 백청(白淸) 또는 청(淸)이라 하였다.

### 6) 식초

식초는 음식에 신맛을 내는 조미료이다. 신맛은 음식에 청량감을 주고 생리적으로 식욕을 증가시키고 소화액의 분비를 촉진시켜 소화흡수도 돕는다.

식초의 종류는 크게 양조식초와 합성식초, 혼성식초로 나눌 수 있다. 양조식초는 곡물이나 과실을 원료로 하여 발효시켜 만든 것으로 원료에 따라 쌀초, 엿기름초, 현미초, 포도주초, 사과초 등이 있다.

합성식초는 빙초산을 만들어 물로 희석하여 식초산이 3~4%가 되도록 한다. 이는 양조식초와 같이 온화하고 조화를 이룬 감칠맛이 없다.

혼성식초는 합성식초와 양조식초를 혼합한 것으로 시중에 이러한 제품이 많다. 양조식초는 각종 유기산과 아미노산이 함유된 건강식품이다.

한국음식은 대개 차가운 음식에 식초를 넣어 신맛을 낸다. 식초는 녹색의 엽록소를 누렇게 변색시키므로 푸른색 나물이나 채소에는 먹기 직전에 넣어야 한다. 또한 식초는 간장이나 고추장에 섞어 초간장, 초고추장 등을 만들어 상에서의 조미품으로 쓰인다.

## 7) 마늘

마늘은 독특한 자극성의 맛과 향기를 가져 파와 함께 많이 쓰이며 특히 육류요리에는 빠지지 않는다.

나물이나 김치 또는 양념장 등에는 곱게 다져서 쓰고 동치미나 나박김치에는 채썰거나 납작하게 썰어 넣는다.

## 8) 생강

생강은 쓴맛과 매운맛을 내며 강한 향을 가지고 있어 어패류나 육류의 비린내를 없애주고 연하게 하는 작용을 한다. 생선이나 육류로 익히는 음식을 조리할 때는 생강을 처음부터 넣는 것보다 재료가 어느 정도 익은 후에 넣는 것이 효과적이다.

생강은 음식에 따라 강판에 갈아서 즙만 넣기도 하고 곱게 다지거나 채로 썰거나 얇게 저며 사용한다.

## 9) 후춧가루

후춧가루는 매운맛을 내는 향신료로서 우리나라는 이미 고려 때 수입한 기록이 남아있는 것으로 보아 조선시대 중기 이후에 들어온 고추보다 훨씬 먼저 사용됐다. 후춧가루는 생선이나 육류의 비린내를 제거하고 음식의 맛과 향을 좋게 하며 식욕도 증진시킨다. 검은 후춧가루는 대개 갈아서 쓰며 향이 강하고 색이 검어 육류와 색이 진한 음식의 조미에 적당하다. 흰 후춧가루는 완숙한 후추열매를 물에 담가 껍질을 벗긴 것으로 매운맛도 약하고 향이 부드러워 흰살생선이나 채소류 및 색이 연한 음식의 조미에 적당하다.

## 10) 고추

한국 음식에 매운맛을 내는 데는 주로 고추가 쓰이지만 고추가 전래된 역사는 짧다. 우리나라에는 임진왜란 이후 17세기 초에 일본을 통해 들어왔다는 설이 가장 유력하다. 고추의 매운맛은 품종이나 산지에 따라 차이가 크다. 고추는 완전히 성숙하기 전의 풋고추도 사용하고 말리지 않은 붉은색의 고추도 쓰며, 말려서 가루로 사용하거나 실고추로 만들어 쓴다.

고추는 용도에 따라 굵은 고춧가루, 중간 고춧가루, 고운 고춧가루로 나누어 쓰며 실고추로 썰어 나박김치나 고명에 쓰인다.

### 11) 겨자

겨자는 갓의 씨를 가루로 빻아서 쓴다. 건조할 때는 매운맛이 없으나 물로 개어서 공기 중에 방치하면 매운맛이 난다.

### 12) 천초

천초나무의 열매와 잎은 독특한 향과 매운맛을 내며 산초라고도 한다. 요즈음은 사찰이나 특별한 음식에만 쓰이고 일반적으로는 널리 쓰이지 않으나 고추가 전래되기 이전부터 김치나 그 외의 음식에 매운맛을 내는 조미료로 쓰였다는 기록이 많이 보인다. 완숙한 열매는 말려서 가루로 하여 조미료로 쓰고 덜 여물어 푸른색일 때는 천초장아찌도 만든다.

### 13) 계피

계수나무의 껍질을 말린 것으로 두껍고 큰 것은 육계라 하며 가는 나뭇가지를 계지(桂枝)라 한다. 육계를 계핏가루로 만들어 떡류나 한과류, 숙실과 등에 주로 쓴다. 통계피와 계지는 물을 붓고 끓여 수정과나 계지차로 쓰인다.

### 14) 참기름

참깨를 볶아서 짜는데 우리나라 음식에 가장 널리 쓰이는 기름으로 고소한 향과 맛을 내는 데 쓰인다.

튀김기름으로는 쓰지 않으며 나물 무칠 때와 약과, 약식 등을 만들 때 많이 쓰인다.

### 15) 들기름

들깨를 볶아서 짠 것으로 참기름과는 다른 고소하고 독특한 냄새가 난다. 김을 발라 굽거나 나물에 넣어서 사용한다.

### 16) 깨소금

참깨에 물을 조금 붓고 비벼 씻어서 물기를 뺀 뒤 볶아서 소금을 약간 넣고 반쯤 부서지게 빻은 것으로 우리나라 음식에 다양하게 쓰인다. 볶아서 오래 두면 향이 없어지므로 조금씩 볶아서 사용하는 것이 좋다.

### 17) 새우젓

작은 새우를 소금에 절인 젓갈로 김치에 많이 쓰이며 소금 대신에 국, 찌개, 나물 등의 간을 맞추는 조미료로 쓰이는데 소금보다 감칠맛이 더하다. 특히 호박, 두부, 돼지고기로 만든 음식과 맛이 잘 어울린다.

## 9. 한국음식의 고명

### 1) 달걀지단

달걀은 흰자와 노른자로 나누어 각각 소금을 약간씩 넣어 팬에 기름을 조금 두르고 약한 불에 얇게 펴서 지진 것으로 용도에 맞는 모양으로 썰어서 사용한다.
채썬 지단은 나물이나 잡채에, 골패형인 직사각형과 완자형인 마름모꼴은 국이나 찜, 전골 등에 사용한다.
줄알은 뜨거운 장국이 끓을 때 푼 달걀을 줄을 긋듯이 줄줄이 넣어 부드럽게 엉기게 하는 것을 말하는데 국수나 만둣국, 떡국 등에 쓰인다.

### 2) 미나리초대

미나리를 줄기만 잘라 대꼬치에 가지런히 꿰어서 칼등으로 두들겨 네모지게 하여 밀가루, 달걀을 묻혀서 팬에 기름을 두르고 지진 것으로 완자나 골패형으로 썰어 탕, 전골, 신선로 등에 초록색 고명으로 사용한다.

### 3) 고기완자

완자를 봉오리라고도 하며 다진 소고기를 양념하여 둥글게 빚어 밀가루, 달걀을 입힌 후 팬에 기름을 두르고 지진 것으로 면이나 전골, 신선로의 웃기로 쓰이며, 완자탕의 건지로도 사용한다. 고기에 두부의 물기를 제거하여 곱게 으깨서 넣기도 한다.

### 4) 고기고명

다진 고기고명은 곱게 다진 소고기를 양념하여 볶아 식힌 후 국수장국이나 비빔국수의 고명으로 쓰고, 채고명은 떡국이나 국수의 고명으로 얹는다.

### 5) 석이버섯

석이버섯은 물에 불려 안쪽의 이끼를 제거하고 물기를 없앤 후 말아 채썰어서 보쌈김치, 국수, 잡채 등의 고명으로 사용하거나 곱게 다져 난백에 섞은 후 지지면 검은색 석이지단으로 사용할 수도 있다.

### 6) 실고추

말린 홍고추의 씨를 발라내고 말아서 곱게 채썬 것으로 나물이나 국수의 고명으로 쓰인다.

### 7) 실파와 미나리

찜이나 전골, 국수의 웃기로, 푸른색 고명으로 쓰인다.

### 8) 통깨

볶은 통깨를 빻지 않은 그대로 나물, 잡채, 적, 구이 등의 고명으로 사용한다.

## 9) 잣

딱딱한 껍질과 속껍질을 제거한 잣은 고깔을 뗀 후 통째로 쓰거나 길이로 반을 갈라서 비늘잣으로 하거나 잣가루로 쓴다.

통잣은 전골, 탕, 신선로 등의 웃기로 쓰거나 차나 화채에 띄우고, 비늘잣은 만두소나 편의 고명으로 쓴다. 잣가루는 회나 적, 구절판 등의 완성된 음식을 그릇에 담은 위에 뿌려서 모양을 낸다.

## 10) 은행

딱딱한 껍질을 제거하고 기름 두른 팬에 굴리면서 볶아 비벼 속껍질을 벗긴다. 신선로, 전골, 찜의 고명으로 쓰이고 볶아서 소금으로 간하여 꼬치에 두세 알씩 꽂아 안주로도 사용한다.

## 11) 호두

딱딱한 껍질을 제거하고 꺼내어 반으로 갈라서 뜨거운 물에 잠시 담갔다가 속껍질을 벗긴다. 찜이나 신선로, 전골 등의 고명으로 쓰인다. 녹말가루를 묻혀 튀긴 후 소금을 뿌려 마른안주로도 사용한다.

## 12) 대추

실고추처럼 붉은색 고명으로 사용하며 채로 썰어 보쌈김치, 백김치에 사용하고 식혜와 차에도 잘 어울린다.

## 13) 밤

껍질을 제거한 밤은 채로 썰어 편이나 떡고물로도 사용하고 납작하고 얇게 썰어 보쌈김치, 겨자채, 냉채 등에도 사용한다.

# 10. 궁중음식의 양념과 고명

## 1) 궁중음식의 양념

음식을 만들 때 식품이 지닌 고유한 맛을 살리면서도 음식마다 특유한 맛을 내는 데 여러 가지 재료가 사용된다. 이를 양념이라 하며 조미료와 향신료로 나눌 수 있다.

양념은 한문으로 약념(藥念)으로 표기하며 '먹어서 몸에 약처럼 이롭기를 염두에 둔다'는 뜻이다.

조미료는 기본의 맛인 짠맛, 단맛, 신맛, 매운맛, 쓴맛을 내는 것이며, 소금, 간장, 고추장, 된장, 식초, 설탕 등이 있다.

### (1) 소금

조선 후기에는 궁중이나 일반에서 호렴(胡鹽)과 재제염(再製鹽)을 사용했다. 호렴은 잡물이 많이 섞여 쓴맛이 있어 김장이나 장을 담그는 데 사용하며 음식물의 조미에는 재제염을 사용한다.

### (2) 꿀

꿀은 비싼 것이라 민가에서는 흔하게 쓰지 못했지만 궁중에서는 꿀을 음식에는 물론 떡, 과자를 만들 때 많이 썼다. 단맛을 내는 조미료로 한자로는 청(淸)이라 표기하고, 투명하고 품질이 좋은 꿀을 백청(白淸)이라 하며, 노란색의 꿀은 황청(黃淸)이라 한다.

### (3) 엿, 조청

엿과 조청이 쓰였으나 궁중에서 엿을 직접 고는 일이 없고, 궁 밖에서 들여와 과자와 음식을 만들 때 쓰였다.

### (4) 설탕

설탕은 고려시대부터 쓰였으나 민가에까지 널리 쓰이지는 않았으며, 1950년도까지도 정제가 덜 된 황설탕이 많이 쓰였다.

### (5) 식초

술을 항아리에 담아두면 자연에 존재하는 초산균이 침입하여 알코올을 산화시켜 초산이 생기면서 황록색의 투명한 액이 위쪽에 모인다. 이것을 따라서 쓰고 다시 덜어낸 만큼 술을 부으면 계속 초가 만들어지는데 지금의 식초와는 전혀 다른 독특한 향이 있다. 궁중에서는 식초를 만들지 않고 공물로 들여왔다.

### (6) 고추

궁중에서는 일반 찬물에는 고추가 거의 쓰이지 않았고, 김치와 고추장 만들 때에만 쓰였다. 고명으로 채로 썬 실고추가 쓰인다.

### (7) 후추

후추는 고려 중엽에 중국을 통하여 들어와서 오랫동안 매운맛을 내는 향신료로 쓰여왔다. 이 땅에는 원래 매운맛을 내는 천초(川椒)가 있었으나 고추가 들어온 이후 천초의 사용 정도가 아주 적어졌다. 조선시대에도 후추는 아주 값이 비싸고 귀한 물품으로 궁중에서는 명절이나 경사 때의 하사 품목으로 후추가 들어 있기도 하였다.

### (8) 겨자

갓씨를 약간의 멥쌀과 같이 물에 불려서 풀매에 곱게 갈아서 따뜻한 데 두었다가 매운맛이 나면 식초, 설탕, 소금으로 간을 맞추어 겨자채나 회에 쓴다.

### (9) 기름

식물성 기름으로 참기름과 들기름이 주로 쓰였다. 궁중에서는 참깨로 만든 참기름이 음식에 두루 많이 쓰였다. 그리고 잔치나 명절 때에는 반드시 쓰이는 약과, 다식과 등의 유밀과를 만들 때 참기름이 많이 쓰였다.

### (10) 깨소금

참깨를 잘 일어서 씻은 후 건져서 번철에 볶아 식기 전에 소금을 넣고 절구에 반쯤 빻아서 양념으로 쓴다. 볶은 깨를 빻지 않고 통깨로 쓰기도 한다. 깨를 속껍질까지 비벼서 벗긴 것을 실깨라고 하며 색이 희고 곱다.

## 2) 궁중음식의 고명

### (1) 알고명

계란의 흰자와 노른자를 나누어 거품이 일지 않게 풀어서 지단을 얇게 부친다. 채로 썰거나 완자형 또는 골패형으로 썰어서 웃기로 쓴다.

### (2) 알쌈

쇠고기를 곱게 다져서 양념하여 작은 완자를 빚어 놓고 계란 푼 것을 번철에 떠서 둥글게 펴고 가운데 고기완자를 놓고 반으로 접어서 반달모양으로 부친 것이다. 신선로, 비빔밥, 찜 등의 고명으로 쓰인다.

### (3) 봉오리(완자)

쇠고기를 살로 곱게 다지고 양념하여 콩알만 하게 완자를 빚어서 밀가루를 묻히고 계란을 씌워서 번철에 지진다. 신선로에는 작게 만들고 완자탕용에는 약간 크게 한다.

### (4) 미나리초대

미나리나 실파를 씻어서 가지런히 대꼬치에 꿰어 밀가루를 묻히고 계란을 씌워서 번철에 지진다. 미나리적은 미나리초대라고도 한다. 신선로, 찜 등에 알맞은 모양으로 썰어서 사용한다.

### (5) 미나리

미나리를 씻어 잎을 떼고 다듬어 줄기만 4cm 길이로 잘라서 소금을 뿌려 살짝 절였다가 번철에 파랗게 볶아서 녹색의 고명으로 쓴다. 실파를 대신 쓰거나 오이나 호박의 푸른 부분만 채로 썰어 볶아서 쓰기도 한다.

### (6) 황화채

원추리꽃 말린 것인데 일명 넙나물이라고도 한다. 물에 불려서 반쪽으로 갈라서 물기를 짜고 참기름에 볶아 잡채에 쓴다.

## (7) 고추

고추는 실고추로 하여 나물이나 조리개에 쓰인다. 마른 고추 외에 통고추를 약간 굵은 채로 썰어 고명으로 쓰기도 한다. 김치에는 대개 마른 고춧가루를 만들어 사용하지만 여름철에는 통고추나 마른 고추를 물에 불려서 갈아 햇김치를 담기도 한다.

## (8) 잣

잣은 백자, 실백자, 해송자 등으로 불린다. 잣가루의 껍질을 벗기고 고깔을 떼고 마른 도마에 종이를 깔고 칼로 다져 보송보송한 가루로 하여 쓴다. 궁중에서는 잣가루를 초장에는 물론 육회, 전복초 등에 고명으로 쓰인다. 단자나 주악, 약과 등 떡과 과자류에 많이 쓰이는데 통잣은 찜이나 전골 등에 쓰이고, 떡이나 약식에 넣고 화채나 차 등의 음료에 띄운다.

## (9) 버섯

표고, 목이, 석이, 느타리 등을 불려 볶아서 쓴다.

표고는 채썰어 고명을 하거나 찜이나 탕에는 골패형이나 완자형으로 썰어서 쓴다. 작은 표고는 둥근 모양 그대로 전을 부치거나 찜의 고명으로 쓴다.

## (10) 호두, 은행

호두는 속살이 부서지지 않게 까서 더운물에 불려 속껍질을 벗기고, 은행은 단단한 껍질을 까고 번철을 달구어 기름을 약간 두른 후 볶아내어 마른행주나 종이로 비벼서 속껍질을 벗긴다. 은행과 호두는 찜이나 신선로, 전골 등의 고명으로 쓰고 볶은 은행과 호두 튀김은 마른안주로 많이 쓰인다.

## 3) 궁중의 장

궁중에서 장을 담가서 두는 곳은 장고(醬庫)라고 하고 민가에서는 장광이라고 한다.

창덕궁의 장독대는 낙선재 뒤편으로 창경궁이 동물원이었던 시절에 낙타집이 있던 자리이다. 장광은 바닥을 높이 쌓아 올렸으며 주위는 벽돌로 사이가 뜨게 낮은 담을 쌓고, 한편에는 출입문이 있어 큰 빗장을 지르고 자물쇠를 채웠다.

간장독 50여 개가 항상 가득 채워져 있도록 끊임없이 만들어 부어야 했는데 볕에 장이 줄어들면 다른 독에서 옮겨 담고는 했다. 장을 불로 달이지 않았음에도 오래 묵어서 조청처럼 끈적하고 달착지근하여 아주 진미였다.

6.25 때까지 순종이 탄생하시던 해(1874)에 담갔던 간장이 남아 있었다고 하며, 간장에 대해 유난히 신경을 많이 쓴 것은 고종이나 순종께서 맵고 짠 것을 싫어해 고추장, 된장을 많이 쓰지 않았기 때문이다.

궁중의 장독은 우리가 흔히 보는 배가 부른 둥근 독이 아니고 말뚝 항아리로 위가 넓고 아래로 내려가며 홀쭉해지는 모양으로 높이가 1미터가 넘었고, 유약을 바르지 않고 구워서 회색빛이 난다. 장독대는 든든한 반석을 깔고 장을 담근 연대순으로 열을 지어 놓았다.

고추장, 된장도 해마다 담갔고, 간장은 진장(陳醬), 중장(中醬), 묽은 장(淸醬)의 순으로 오래된 것이다.

## (1) 진장(陳醬)

궁중의 간장은 절메주로 담그는데 조선 후기까지 궁에 들어오는 절메주는 자하문 밖에 사는 백성이 검은콩으로 쑤어 메주 크기가 목침 모양으로 집메주의 4배나 되게 넙적하게 만들어 까맣게 띄워서 4월 말에 들여온다. 보통 메주와 발효시키는 법이 달라 음력 4월 새 풀이 무성하게 자랄 때 풀을 베어 깔고 메주를 놓은 후 위를 다시 풀로 덮어서 단시일에 까맣게 띄운다. 5월 초에 단단해진 메주를 물로 씻어 말려서 네 쪽으로 쪼개고, 장 담글 소금물은 큰 독에 시루나 소쿠리를 얹어 베보를 깔고 소금을 담아 위에서 바가지로 물을 부어 간국을 내려 장을 담근다.

이 장은 까맣고 달게 우러나므로 꽃장이라 하며 상품으로 쳤다.

진장은 끈적거리고 빛이 검어서 약식이나 전복초를 만들 때 썼는데 맛이 달고도 가무스름하게 윤이 난다.

진장을 떠내서 딴 독에 옮긴 다음 2차로 다시 소금물을 부어 10월까지 두었다가 다시 간장을 떠내는데 이를 중장이라 한다.

중장은 진장과 묽은 장의 중간으로 일반 음식에 보편적으로 많이 쓰인다.

## (2) 중장(中醬)과 된장

중간장은 절메주로 만든 것도 있으나 일반 집메주로 쓰는 장이 보통 중장(中醬)

이 된다. 담가서 햇수가 짧은 것은 빛이 엷어서 맑은 장(淸醬) 또는 묽은 장으로 불리어 장국 간이나 미역국을 끓일 때 간을 맞춘다. 장의 종류가 음식의 맛과 색을 좌우한다.

집메주는 흰콩으로 음력 10월이나 동짓달에 쑤어 쪄서 목침 모양으로 만들어 꾸덕꾸덕 마르면 메주 사이에 볏짚을 놓고 재워서 훈훈한 온돌방에서 띄운다. 짚으로 둘씩 엮어 매달아 겨우내 띄우기도 한다. 집메주도 궁에서 쑤는 것이 아니고 궁 밖의 백성들이 쑤어서 공물로 들여온다.

장을 담그는 법은 민가에서 담그는 법과 같으나 정월에 담그는 소금물은 물 1말에 소금 2되 비율이다. 더워질수록 소금의 분량을 늘려야 장맛이 변치 않는다.

중장은 소금물을 독에 붓고 씻어 말린 메줏덩이를 넣어서 40일쯤 두어 익힌다. 장맛이 맛있게 우러나면 메주를 건져서 으깨어 소금을 섞어 된장으로 하고, 장물은 다른 독에 고운체에 밭쳐서 옮긴다. 장독은 매일매일 뚜껑을 열어서 햇볕에 쪼인다. 간장을 빼고 난 된장은 수라상에 쓰는 게 아니고, 일반 나인들의 찌개나 국을 끓이는데 쓴다. 수라상에 된장국이나 된장조치, 고추장조치는 자주 오르지 않으며 새우젓이나 소금으로 간을 한 맑은 조치를 자주 만들어 올렸다고 한다.

## (3) 고추장

고추장에 넣는 메주는 고추장 전용으로 주먹만 한 크기의 떡 메주를 만들거나 집메주를 가루 내어 쓰기도 한다.

궁에서는 고추장을 엿기름가루로 넣어 하는 법은 잘 안 썼으며, 찹쌀고추장만을 담갔다고 한다. 또 버무린 고추장을 작은 항아리에 나누어 담아 사람이 드나드는 곳에 방망이 하나씩 꽂아 햇볕 나는 곳에 두며 들고 날 때마다 저어주었다고 한다.

고추장으로는 초고추장과 볶은 고추장을 만들고, 오이나 생선, 게 등에 고추장을 풀어 고추장감정을 만든다.

# 죽·밥

# 제2장  죽·밥

## 1. 죽

### 1) 한국음식 : 역사와 조리

쌀, 보리, 조 등에 물을 6~7배가량 붓고, 오래 끓여서 알이 부서지고 녹말이 완전히 호화상태로까지 무르익게 만든 유동식 상태의 음식. 혹은 쌀무리(쌀을 갈아서 물에 담가 가라앉힌 앙금)에 우유, 약재 등을 섞어 쑤거나 쌀에 어패류, 수조육류, 채소류 등을 섞어 쑨다.

죽요리는 농경사회의 비교적 초기 음식이라 할 수 있으며, 우리도 초기 농업시대에 죽을 쑤었다. 그 뒤 조리법이 여러 갈래로 발달하였으며, 특히 죽요리에 잡곡류, 콩류 등이 널리 활용되었고, 그 외에 여러 가지 어패류, 수조육류, 채소류, 향약류, 견과류, 종실류 등을 다양하게 활용하여 문헌상으로도 약 200여 종의 죽요리가 등장하고 있다. 재료, 조리법 등에 따라 보양음식, 별미음식, 구황음식 등으로 구분된다.

『서경(書經)』 '周書'에 의하면 황제가 비로소 곡물로 죽(粥)을 만들었다고 한다. 이와 같이 황제의 전설에 죽이 나온다는 것은 농경문화가 싹틈에 따라 인류는 곡물과 토기를 갖게 되고, 토기에다 물과 곡물을 넣어서 가열하였을 것이니 이것이 바로 죽이다.

우리 겨레도 죽을 일찍부터 먹어왔을 것이나 고려 이전의 문헌에는 이에 관한 단어가 몇몇 보일 뿐이고, 조선시대의 『청장관전서(靑莊館全書)』(1795)에는 "서울의 시녀들의 죽 파는 소리가 개 부르는 듯하다"는 말이 나온다. 이로써 조선시대에는 죽이 매우 보편화된 음식이었음을 알 수 있다.

죽을 탕으로 표기하는 경우도 있다. 『요록』에서는 콩죽을 두탕(豆湯)이라 하였다.

죽의 기본 재료는 곡물이지만 여기에 다른 여러 가지 식품을 섞어서 쑨 죽이 『임원십육지』, 『증보산림경제』, 『요록』, 『군학회동』, 『규합총서』, 『농정회요』 등의 조선시대 조리서에 다채롭게 전개된다. 죽은 대용주식, 별미식, 보양식, 치료식, 환자식, 민속식, 구황식, 음료 등 여러 가지 구실을 하고, 또 그 구실을 몇 가지 겸하기도 한다.

### 2) 미음(米飮)의 문화

『재물보』(1807)에서는 "죽지궤숙자(粥之潰熟者)미음"이라 하였다. 흰죽은 쌀을 불려 잘게 갈아 부셔서 끓이거나 그대로 끓이는 데 비하여 미음은 쌀을 껍질만 남을 정도로 충분히 과서 체에 밭친 것이다.

『규합총서』에는 해삼, 홍합, 소고기, 찹쌀로 만든 삼합미음(三合米飮)이 설명되어 있다.

### 3) 의이(薏苡)의 문화

의이(薏苡)란 본디 율무를 가리키는 말이다. 그런데 언제부터인지 율무와는 아무 관계 없이 어떤 곡물이든 갈아서 앙금을 얻어 이것으로 쑨 죽을 통틀어 의이라 부르게 되었다.

### 4) 원미(元米)의 문화

『시의전서』에서 소주원미(燒酒元米), 장탕원미(醬湯元米)는 곡물을 굵게 동강나게 갈아서 쑨 죽이라고 하였다.

## 2. 밥

밥은 우리나라의 식생활에서 농경사회가 본격화되었던 시기부터 오늘날까지 상용주식의 위치를 차지하는 기본음식이다. 또한 일상에서 밥이 차지하는 의미는 더 넓고 깊다. 즉 밥은 식사 전체를 가리키기도 하며 가세의 흥망을 논하기도 한다. 또한 통과의례에서도 중요한 때마다 밥을 지었다. 우리나라 민속에는 산모의 출산이 임박하면 쌀, 미역, 정화수로 삼신상(三神床)을 차려 놓았다가 순산 후에 그 쌀로 밥을 짓고 미역국을 끓여 산모에게 첫국밥을 주었다. 아기의 돌상에는 흰쌀과 백설기가 필수품이고 생일이면 흰쌀밥을 먹고, 혼인잔치, 회갑잔치의 큰상에도 쌀음식이 있어야 했으며 제상에는 젯메, 장례 후 소상까지 조석 상식에도 흰쌀밥을 올렸다. 『옹희잡지』를 인용하여 밥의 상태에 따라 찐 밥을 분(饙), 뜸을 들여 찐 밥을 류(餾), 여러 가지 곡물을 섞어서 익힌 밥을 뉴(粈), 물에 만 밥을 손(飧), 국에 만 밥을 찬(饡), 도가(道家)에서 약초를 넣은 밥은 신(鈊)이라 하였다.

## (1) 밥의 종류

### ① 쌀과 잡곡으로 짓는 밥

강조밥, 강피밥, 거피팥밥, 기장밥, 피맥밥(메밀밥), 메밥(흰밥), 모밥, 보리밥, 부등팥밥, 비지밥, 세아리반, 수수반, 오곡밥, 오려쌀밥, 율무밥, 제밥(꼬두밥), 조밥, 차수수밥, 차조밥, 찰밥, 콩밥, 팥물밥, 팥밥, 피밥 등

### ② 채소를 넣어 짓는 밥

감자밥, 김치밥, 나물밥, 무밥(청근밥), 서미밥, 송이밥, 옥정밥, 죽순밥, 진잎밥, 콩남밥 등

### ③ 해산물을 넣어 짓는 밥

생국밥, 연어밥, 조개밥(합밥) 등

### ④ 견과류를 넣어 짓는 밥

밤밥, 별밥(대추, 밤, 콩, 찹쌀, 멥쌀), 상수리밥, 약밥, 혼돈반(찹쌀, 멥쌀, 팥, 대추, 밤, 곶감) 등

### ⑤ 탕반류

갱식(김치국밥), 대구탕반(대구식 장국밥), 온반(닭고기국밥), 장국밥, 콩나물국밥, 콩탕밥 (콩국에 만 밥) 등

### ⑥ 밥은 지은 후 여러 재료를 섞는 밥

닭비빔밥, 골동반, 비빔회덮밥, 산나물밥, 비빔밥(전주, 진주, 통영) 등

### ⑦ 기타

감자주먹밥, 달걀밥, 금반(金飯), 청정반, 반도반, 의이인반, 오반, 뉴반, 조고반(凋筑飯), 저반(藷飯), 죽실반 등

## (2) 비빔밥

비빔밥은 밥 위에 갖가지 나물과 고기를 볶아서 한데 어울려 먹는 밥으로, 여러 가지 재료가 한그릇에 고루 들어 있어 이것만으로도 영양적으로 충분히 균형잡힌 한끼의 식사가 될 수 있다.

궁중에서는 비빔밥을 비빔 또는 골동반(骨董飯)이라 하여 섣달 그믐날에 만들었다 하며, 다음 날인 새해 첫날은 흰떡국을 일 년의 첫 식사로 마련하였다.

비빔밥은 『시의전서』에 처음 등장하며 비빔밥을 부빔밥으로 표기하고 있다.

### ① 전주비빔밥

전주비빔밥은 우선 밥솥에 뜸이 들 무렵 콩나물을 집어넣어 살짝 밥김으로 데친 다음 솥 속에서 비빈다. 여기에 3년 묵은 간장, 고추장, 육회, 참기름 등을 넣고 맨 위에는 생계란을 깨어 얹는다. 겨울에는 햇김, 이른봄에는 청포묵, 초여름에는 쑥갓, 늦가을에는 고추잎, 깻잎 등을 곁들여 계절의 맛을 즐긴다.

### ② 진주비빔밥

진주의 비빔밥을 화반(花飯)이라고도 한다. 숙주나물, 고사리나물, 산채, 도라지나물, 육회, 볶은 소고기, 고추장, 깨소금, 참기름, 청포, 실고추 등 그야말로 백화요란(百花擾亂)하니 화반이라고 할 만하다. 진주비빔밥은 양이 적다는 것과 선짓국이 따른다는 특색이 있다.

### ③ 해주비빔밥

황해도에서 짠지는 김치를 말하는 것으로 겨울철 김장김치를 잘게 썰어 솥에 기름을 두르고 펴놓은 다음 쌀을 안쳐서 밥을 지어 양념간장에 비벼 먹었다. 여기에 돼지고기를 넣거나 연하고 살찐 콩나물과 함께 넣었다. 국물은 뭇국을 쓴다.

해주비빔밥은 여인의 아름다움과 비교할 만큼 아름답다 하여 "해주교반(海州攪飯)"이라 하였다.

비빔하는 방법이 다른 지방의 비빔밥과 같으나 반드시 수양산 고사리와 황해도 해안에서 나는 김을 구워 부스러뜨려 넣는 것이 특징이라고 한다.

Memo

재　료 … 단호박 100g, 소금 약간, 삶은 콩이나 팥 약간, 설탕 약간, 젖은 찹쌀가루 50g

호박은 껍질이 단단하여 저장해 두고 사철 쓸 수 있지만 주로 겨울철에 호박죽이나 간식을 만들어 먹는다. 달고 구수하여 소화가 잘되고 영양가가 높아 산후 보양식이나 환자의 회복식으로 많이 찾는다. 당뇨와 비만에도 좋다고 한다.

범벅도 일종의 죽이라고 할 수 있는데 1700년대의 『음식보』에 '범벅같이'라는 말이 나오는 것으로 보아 꽤 오래된 음식임을 알 수 있다. 범벅이란 곡식가루에 감자, 옥수수, 호박 같은 것을 섞어 풀처럼 되게 쑨 것을 말하며 강원도의 감자범벅, 옥수수범벅, 경상도와 강원도의 호박범벅 등이 있다.

# 호박죽

❶ 단호박은 껍질을 제거하고 속을 파낸다.

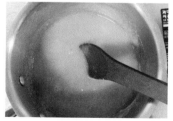

❷ 단호박은 얇게 썰어 잠길 정도의 물을 붓고 푹 물러지도록 삶아 으깨거나 체에 내린다.
❸ 찹쌀가루를 물에 개어 2의 호박물에 저으면서 흘려 부어 찹쌀이 투명하게 익을 때까지 약불에서 은근히 끓여준다.
❹ 소금을 약간 첨가하고 설탕으로 간을 맞춘다.
❺ 삶은 콩이나 팥 또는 호박씨를 띄운다.

Tip
• 단호박과 늙은호박을 절반씩 섞어서 하면 깊은 맛과 단맛을 줄 수 있다.

재　　료 … 쌀 1컵, 소금 약간, 우유 3컵, 설탕 약간, 물 3컵

타락은 우유를 가리키는 옛말이다. 쌀을 갈아 물 대신 우유를 반 분량 정도 넣어 끓인 무리죽이다. 우유죽은 어린이의 이유식이나 환자의 병인식에 가장 적당하다. 우유가 들어 있어 지나치게 오래 끓이면 단백질이 엉겨서 매끄럽지 않으니 센 불에 오래 끓이지 않도록 한다. 우유는 최근에 서양에서 들어온 것처럼 알려져 있으나 우리나라는 불교가 전해진 4세기경부터 있던 식품이다. 아주 귀하여 일반 대중은 먹지 못하였으나 조선왕조 때에는 동대문 쪽의 낙산에 목장이 있었다. 타락죽은 반드시 궁중의 약전에서 쑤어서 보양음식으로 왕족에게 바쳤다.

신라시대에 경주 포석정에서 왕족들이 술을 마시기 전에 제호(칡가루)와 우유를 섞어서 묽게 쑨 죽을 먹었다는 기록이 『삼국유사』에 있는 것으로 보아 이미 삼국시대부터 우유를 마셨을 것으로 본다. 조선시대에는 궁중음식 중에 타락죽이라는 것이 있었다고 하는데, 이는 쌀에 물 대신 우유를 붓고 쑨 죽이라고 한다. 이 죽은 몇몇 왕족이나 귀족들만이 보양식으로 먹었는데 매우 귀한 음식이었다고 한다.

『동의보감』에는 우유죽이 보약이라 쓰여 있고, 『규합총서』에는 낙죽을 쑤어 임금에게 올리고 중신들에게도 나누어 주었다는 기록이 있다.

# 타락죽

❶ 쌀은 충분히 불린다.
❷ 불린 쌀은 물기를 뺀 후 물을 넣고 갈아서 체에 밭쳐 남은 찌꺼기는 버린다.
❸ 냄비에 간 쌀과 남은 물을 부어 나무주걱으로 저으면서 끓인다.

❹ 흰죽이 어우러지게 쑤어졌으면 우유를 조금씩 넣으면서 멍울이 지지 않게 풀어서 잠시 더 끓인다.
❺ 소금이나 설탕을 곁들인다.

*Tip*

• 우유를 넣고 너무 센 불에서 오래 끓이지 않도록 한다.

• 쌀 간 것이 충분히 호화된 후에 우유를 첨가한다.

재　　료 … 쌀 1/4컵, 붉은팥 1컵, 찹쌀가루 2/3컵, 소금, 설탕

팥죽(赤豆粥)의 제법은 『국학회등』, 『규합총서』, 『고대 규합총서』, 『부인필지』 등에 설명되어 있다.

『동국세시기』에서는 "동짓날에는 팥죽을 쑤는데 찹쌀가루로 새알 모양의 떡을 만들어 그 죽 속에 넣어 새알심을 만들고 꿀을 타서 시절음식으로 삼고 제사의 공물에도 쓴다. 그리고 팥죽 국물을 문짝에 뿌려 상서롭지 못한 것을 쫓아버린다"고 하였다. 귀신들은 붉은빛을 두려워했다. 그래서 병이나 불행을 가져오는 귀신을 접근하지 못하게 하고 내쫓는 데 붉은빛을 사용하였으므로 귀신 쫓는 동지 팥죽이라고 한다.

민가에서는 동지에 팥죽을 쑤어 먹는 풍습이 있지만 궁중에서는 삼복에도 끓여 먹었다고 한다.

일 년 중 낮이 가장 짧은 날인 동지(冬至)는 먼 옛날에는 새해의 시작이었다. 그래서 동지의 절식(節食)인 팥죽에 찹쌀가루로 빚은 새알심을 새해의 나이 수만큼 넣어 먹는 풍습이 있다.

식생활에서 귀신을 쫓기 위한 것으로는 붉은팥을 사용하였다. 이는 팥의 붉은색이 악귀를 쫓아내고 나쁜 액운을 막아준다고 여기기에 연유된 풍습이다. 팥죽은 약한 불에서 서서히 끓여야 색이 곱다. 팥죽의 간은 대개 소금으로 맞추는데 기호에 따라 설탕을 넣어 먹기도 한다.

# 팥죽

❶ 쌀은 씻어서 충분히 불린 후 소쿠리에 건져 물기를 뺀다.
❷ 팥은 씻어서 물을 넣고 끓어오르면 물만 버리고 다시 물을 부어 푹 무를 때까지 삶는다.
❸ 삶은 팥에 물을 조금씩 부으면서 나무주걱으로 체에 내려 껍질은 버리고 앙금은 가라앉힌다.

❹ 찹쌀가루는 소금을 조금 넣고 익반죽하여 직경 1cm 정도의 새알심을 만든다.

❺ 냄비에 팥 웃물과 불린 쌀을 넣고 쌀알이 완전히 퍼질 때까지 끓인다.
❻ 팥앙금을 넣어 저으면서 끓이다가 새알심을 넣는다.

❼ 새알심이 익어서 떠오르면 소금으로 간을 맞춘다.

 **재　　료** ⋯ 멥쌀 1/2컵, 녹두 1컵, 물 7컵, 소금

녹두죽은 녹두에 물을 넉넉히 넣어 푹 무르게 삶아서 체에 걸러 불린 쌀을 넣고 쑤는 죽이다. 녹두는 팥과 비슷하게 생긴 녹색의 두류로 콩보다 영양가는 부족하지만 소화효소가 많이 들어 있어 소화가 잘되는 식품이다. 녹두는 열을 내리는 작용이 있고 흡수가 잘 되므로 열이 많은 사람이나 회복기 환자의 보양식으로 적합하다. 녹두죽은 팥죽보다 담백하고 향기도 좋다. 계절적으로 겨울보다는 여름에 먹어 열을 내린다. 녹두죽도 팥죽처럼 찹쌀가루로 새알심을 빚어 넣거나 인절미를 잘게 썰어 넣어도 좋다.

# 녹두죽

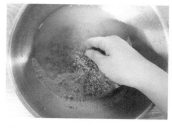

❶ 쌀을 씻어서 물에 충분히 불린 후 물기를 뺀다.
❷ 녹두는 씻어서 물에 불렸다가 물을 붓고 부드럽게 무를 때까지 익혀준다.
❸ 체에 녹두와 삶은 물을 같이 내려 껍질만 버리고 그대로 가라앉힌다.

❹ 냄비에 녹두앙금의 웃물만 따라내어 불린 쌀을 넣고 쌀알이 완전히 퍼질 때까지 끓인다.
❺ 쌀알이 완전히 퍼지면 녹두앙금을 넣고 농도를 맞추어 끓인다.
❻ 소금으로 간을 한다.

**재    료** ··· 불린 쌀 150g, 밤 6개, 불린 찹쌀 70g, 대추 3개, 불린 검은콩 40g,
소금 약간

『우리음식』    찹쌀이나 멥쌀에다 조, 콩, 수수, 팥 또는 대추,
밤, 무, 고구마 등을 섞어서 지은 밥

---

'쌀밥'이 나오는 문헌은 『조선요리제법』(1940)이 처음이며,
잡곡을 섞어서 지은 오곡밥, 잡곡밥 등은 1800년대의 문헌
에 나온다. 비빔밥과 장국밥은 『시의전서』(1900년대 말)에
처음 나오며 쌀에 굴, 콩나물, 김치, 송이, 연어 등의 부재
료를 넣어 지은 밥은 『조선요리』 이후에 등장한다.

옛날 음식책에 나오는 밥에는 오곡밥, 잡곡밥, 비빔밥, 장
국밥, 흰밥, 팥물밥, 팥밥, 조밥, 보리밥, 굴밥, 김치밥, 콩
나물밥, 무밥, 연어밥, 콩밥, 밤밥, 별밥, 젯밥, 송이밥, 약
밥 등이 있고, 그 밖에 밥 짓기에 대한 총론과 밥 보관법도
실려 있다.

별밥[別飯]은 별스러운 밥이라는 뜻으로 『우리음식』에서
찹쌀이나 멥쌀에다 조, 콩, 수수, 팥 또는 대추, 밤, 무, 고
구마 등을 섞어서 지은 밥이라 했다.

검은콩의 단백질은 45~48%로 높은데 강낭콩, 녹두, 팥이
나 완두콩과 같은 다른 두류가 20~30%의 단백질을, 쌀,

밀과 같은 곡류가 8~15%의 단백질을 함유한 것과 비교해
볼 때 훨씬 많은 수치이다. 콩단백질은 약 90%가 수용성
단백질로 존재하며 이 중 대부분이 globulin 형태의 gly-
cinin과 conglycinin으로 되어 있다. glycinin은 16종의
각종 아미노산으로 구성되어 있으며, 필수아미노산이 골
고루 함유되어 있어 영양가치가 높다. 특히 콩에는 lysine,
leucine이 많이 들어 있어 쌀, 보리 등 곡류의 영양상 결점
을 보완하는 효능이 크지만 methionine과 tryptophan 등
황함유 아미노산의 함량이 부족한 것이 결점이다.

밤은 다른 과실에 비해 곡류에 가까운 성분을 갖고 있
는데 수분함량이 56~66%, 전분은 27~33%, 단백질이
2.3~2.8%, 조지방이 1% 이하 함유되어 있다. 밤에는
tannin이 약 0.4% 정도 함유되어 있고 밤의 저장조건은
2~6℃, 상대습도는 80%가 적합하다. 밤을 삶을 때 명반
을 약간 가해서 끓이면 밤이 가지고 있는 flavon 색소가
명반의 알루미늄과 불용성인 염을 만들기 때문에 고운 황
색을 띠게 된다. 밤을 이용한 가공제품에는 통조림, mar-
rons, glaces, 밤전분 등이 있다.

# 별 밥

❶ 쌀과 찹쌀은 깨끗이 씻어 미리 불려둔다.
❷ 검은콩은 하룻밤 충분히 불린다.

❸ 찹쌀과 멥쌀은 물기를 뺀다.
❹ 대추는 씻어서 씨를 제거하고 6등분한다.
❺ 밤은 속껍질을 벗긴 후 2∼4등분한다.
❻ 불린 검은콩은 물기를 뺀다.

❼ 물에 소금으로 간을 한 후 멥쌀, 찹쌀, 콩, 밤, 대추 순으로 넣고 밥을 짓는다.

**재　　료** … 찹쌀 80g, 콩 80g, 멥쌀 150g, 차조 70g, 붉은팥 80g, 수수 70g, 소금 약간

『규합총서』　　　쌀, 팥, 콩, 수수, 조 등 오곡으로 지은 밥으로 정월 대보름(상원일)의 절식임. 반드시 다섯 가지 잡곡이 아니라도, 쌀과 여러 가지 잡곡을 섞어 지으면 오곡밥이라 할 수 있음

오곡이란 원래 다섯 가지 중요한 곡식인 쌀, 보리, 조, 콩, 기장을 이르나 시대에 따라, 지방에 따라 넣는 곡물이 다르기도 하다. 『증보산림경제』에서는 조, 기장, 멥쌀, 콩, 팥 등을 섞어서 지은 밥을 '뉴반(紐飯)'이라 하였고, 『동국세시기』 '정월 상원'에는 "오곡으로 잡곡밥을 지어 먹고 이웃에도 나누어준다. 영남지방도 마찬가지로 종일 이것을 먹는다. 이것은 제삿밥을 나누어 먹는 옛 풍습을 답습한 것 같다"고 씌어 있다. 음력 정월 보름날 가을철에 간수한 마른 나물로 아홉 가지의 나물을 만들고 오곡밥을 지어 이웃과 두루 나누어 먹는 풍습이 지금까지 내려오고 있는데 오곡밥은 차진 곡물이 많이 들어가므로 보통 밥보다 밥물을 적게 잡아서 보통 밥 지을 때처럼 짓기도 하지만 찜통이나 시루에 베보를 깔고 곡물을 담아 찌는 방법도 있다. 이때는 찌는 도중에 서너 차례 소금물을 고루 뿌려서 섞어준다.

# 오곡밥

❶ 곡식은 깨끗이 씻어 충분히 불려둔다.
❷ 팥은 씻어서 물을 넣고 끓으면 첫물은 따라 버리고 다시 충분한 물을 부어 팥알이 터지지 않을 정도로 삶아 건진다.
❸ 삶은 팥과 팥물은 따로 받아둔다.

❹ 차조를 제외한 재료를 솥에 안쳐 고루 섞고 팥 삶은 물에 소금을 넣어 밥물을 부어 밥을 한다.
❺ 밥물이 끓어오르면 위에 차조를 얹어 밥을 한다.
❻ 불을 끄고 뜸을 들인다.
❼ 오곡이 보이도록 골고루 섞어 담는다.

**재      료** … 멥쌀 1컵, 흑미 10g, 고구마(작은 것) 1/2개, 물 2컵

# 고구마밥

❶ 멥쌀과 흑미는 씻어서 각각 물에 불린다.
❷ 불린 쌀은 물기를 뺀다.
❸ 고구마는 껍질을 제거하고 한입 크기로 썬다.

❹ 냄비에 불린 쌀과 흑미를 넣고 물을 부어 밥을 짓는다.
❺ 한소끔 끓은 후에 불을 줄이고 고구마를 얹는다.
❻ 불을 약하게 한 뒤 뜸을 들인다.
❼ 위아래를 잘 섞은 뒤 담아준다.

재　　료 … 멥쌀 2컵, 찹쌀 1컵, 팥물 4컵(붉은팥 1/2컵), 소금 1/2작은술

궁중에서 차리는 반상을 수라상이라고 하는데 수라상에는 밥과 국을 두 종류씩 내었다. 밥은 흰밥과 홍반으로, 흰 것은 메밥, 붉은 것은 찰밥이라고 했다. 홍반은 팥물을 삶아 밥물로 삼는 것으로 우리가 보통 밥 짓듯이 팥알을 넣지는 않고 물만 들였다.

# 홍반

❶ 쌀은 깨끗이 씻어 물에 불린 후 물기를 뺀다.
❷ 팥은 씻어서 충분한 물을 넣고 끓으면 물만 따라 버린 후 다시 물을 부어 삶은 뒤 팥과 팥물은 따로 보관한다.

❸ 쌀을 솥에 안치고 팥 삶은 물과 소금을 넣고 밥을 한다.
❹ 한번 끓어오르면 불을 줄이고 쌀알이 퍼지면 5분 정도 뜸을 들인다.
❺ 위아래를 잘 섞어 밥그릇에 담는다.

*Tip*
• 홍반은 찰기가 있으므로 도중에 한번 저어준다.
• 팥을 삶을 때 너무 많이 삶아 팥알이 터지면 팥물에 전분이 많아져 밥을 하면 보기 좋지 않다.
• 팥물 외에 팥을 섞어서 해도 좋다.

Korean
Food

# 만두 · 떡국

제**3**장 만두 · 떡국

## 1. 만두 · 떡국

### 1) 한국음식 : 역사와 조리

밀가루, 메밀가루 또는 얇게 저민 생선살을 껍질로 하고, 소고기, 닭고기, 두부, 숙주 등을 소로 하여 빚은 것을 끓는 육수 또는 멸치장국, 다시마장국 등에 넣어 끓인 것. 만두를 싸는 재료와 소의 재료에 따라 만드는 법과 이름이 다양한 주식형의 음식으로 겨울음식, 주로 설음식으로 숭상되었다.

우리의 만두는 중국의 짜오즈(餃子)와 비슷하며 중국의 만토우(饅頭)는 밀가루에 발효제를 넣고 반죽하여 부풀려 둥근 모양으로 만들어 찐 것으로 우리나라에서는 고기소를 넣어 찌면 왕만두, 팥소를 넣어 찌면 찐빵으로 불려 혼동된다. 이 만두는 상화(霜花)란 이름으로 고려시대에 이 땅에 들어왔다.

만두는 떡국이나 국수와 같이 간단한 주식으로 특별음식이다. 『음식디미방』에서는 메밀가루로 한 것을 '만두', 밀가루로 한 것을 '수교의'라 한다고 하였다. 이성우 교수는 만두(饅頭)는 진대(晉代, 3세기 후반) 속석(束晳)의 병부(餅賦)에 그 이름이 나타나는데, "촉(蜀)의 제갈공명이 맹획(孟獲)을 정벌하여 여수(濾水)까지 왔을 때 풍랑이 심하여 건널 수 없으니, 종자가 수신(水神)을 위로하기 위하여 만지(蠻地)의 풍속에 따라 인두를 제단에 바칠 것을 권하니 공명은 개선 도상에 한 사람이라도 더 죽인다는 것은 견딜 수 없는 노릇이라 하고 양과 돼지의 고기를 밀가루반죽에 싸서 사람머리처럼 만들어 이를 대신하니 만두란 이름은 여기서 비롯되었다"는 것이다.

조선시대 『음식디미방』의 만두는 "모밀가루를 눅직하게 반죽하여 가얌알만큼씩 떼어

제3장 · 만두 · 떡국

71

빚는다. 만두소는 무를 아주 무르게 삶아 덩어리 없이 으깨고 꿩의 연한 살을 다져 간장 기름에 볶아 백자, 후추, 천초가루로 양념하여 넣는다. 삶을 때 새옹에다 착착 넣어 한 사람씩 먹을 만큼 삶아 초간장에 생강즙을 하여 먹도록 한다"는 것이다.

『옹희잡지』의 '숭채만두방(菘菜饅頭方)'은 "배추김치의 경엽(莖葉)을 난도하여 두부(豆腐)나 고기를 섞어 소로 삼고 밀가루나 메밀가루를 물로 반죽하여 잔같이 만들되 구(口)를 크게 하고 피(皮)를 얇게 하여 소를 싸서 조각병(糙角餠)처럼 만들어 장탕(醬湯)에다 유초(油椒) 등의 물료를 넣고 삶는다"고 하였다. 또 궁중연회식에 골만두(骨饅頭), 동아만두, 양만두 등의 만두가 다채롭게 등장하고 있음을 알 수 있다. 만두는 껍질의 재료에 따라 밀만두, 수교의, 메밀만두, 어만두, 양만두라 하고 소의 재료에 따라 꿩만두, 준치만두, 배추만두(菘菜饅頭), 고기만두, 제육만두라 부르며, 껍질의 모양이 둥근 것, 네모진 것(편수), 세모진 것(변씨만두)에 따라 빚은 모양이 다르다. 또 만두껍질에 소를 싸지 않고, 소에 녹말을 여러 번 묻혀서 두꺼운 껍질을 형성시킨 것을 굴린만두라 부른다. 준치만두가 굴린만두 방법이다.

Memo

재　　료 … 밀가루 60g, 소고기 60g, 두부 50g, 숙주 30g, 배추김치 40g, 달걀 1개, 파·마늘 양념 적량

만두를 더운 장국에 넣어 끓인 주식대용의 겨울 음식으로 특히 북쪽 지방에서 즐겨 먹는다.
만두피는 되도록 얇아야 맛이 있다.
만둣국의 고기는 쇠고기, 돼지고기, 닭고기, 꿩고기 등 모두 쓰이고 숙주, 두부, 배추김치 등이 들어간다.
만둣국에 넣는 만두의 형태에는 여러 가지가 있다.

궁중에서는 둥근 것을 반만 접어서 주름을 내지 않고 반달 모양으로 빚어 병시(餠匙)라고 하며, 개성편수는 이와는 대조적으로 반달 모양으로 빚은 다음에 양끝을 마주 붙여서 테가 둥글게 붙은 어린 아기의 모자와 같은 모양으로 빚는다.

# 만둣국

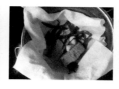

❶ 소고기는 핏물을 제거하고 곱게 다진다.
❷ 소고기 일부는 끓는 물에 삶아낸 후 면포로 걸러서 육수를 만든다.
❸ 육수는 간장으로 색을 내고 소금으로 간한다.

❹ 덧가루용 밀가루를 남겨두고 밀가루와 소금물, 식용유 약간으로 되직하게 반죽하여 젖은 면포로 덮어둔다.
❺ 밀가루반죽은 직경 8cm의 만두피로 민다.

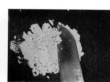

❻ 두부는 물기를 짜서 으깨고, 숙주는 소금물에 데쳐 다진 후 물기를 제거하고, 김치도 곱게 다져 물기를 제거한다.
❼ 다진 소고기와 두부, 숙주, 김치에 소금, 후춧가루, 깨소금, 참기름, 다진 파·마늘로 양념하여 만두소를 만든다.
❽ 만두피에 만두소를 넣고 반으로 접은 후 양끝을 맞붙여 만두를 빚는다.

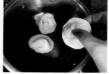

제3장 · 만두 · 묘국

75

❾ 달걀 황·백지단을 부치고, 2×2cm 마름모꼴로 자른다.
❿ 육수가 끓으면 만두를 넣고 터지지 않게 끓인다.
⓫ 달걀지단을 고명으로 올린다.

**재　　료** ⋯ 소고기 50g, 호박 1개, 표고버섯 1개, 밀가루 200g, 숙주 80g, 잣 10g

『한국음식』　　수교의의 일종. 만두껍질을 얇고 모나게 빚어서, 소고기, 오이, 호박, 버섯 등을 볶은 소와 실백을 넣어, 네 귀가 나도록 싸서 찐 여름철 만두. 찌는 대신 끓는 맑은장국에 삶아 건져 차가운 장국에 띄우기도 함

편수는 여름철에 차게 먹는 사각진 모양의 만두이다. 소의 재료는 애호박, 오이, 소고기, 닭고기 등이다. 편수는 쪄서 그대로 초장에 찍어서 먹기도 하고 차가운 장국에 말 때는 육수의 기름이 뜨지 않도록 말끔히 걷어서 마련한다. 『시의전서(是議全書)』에는 밀만두를 설명하면서 "이것은 편수라고도 하는데, 밀가루를 네모 반듯하게 베어 네모나게 만드는 것이다"고 하였다. 오늘날의 편수와 같이 이것

을 『명물기략』에는 "밀가루를 반죽하여 네모지게 썰고 소를 싸서 만두모양으로 만든 것"이라 하였다. 이와 같이 하여 네 귀를 서로 붙여서 세모꼴로 만든 것을 편수(片水)라 한다. 『규합총서』에서 편수를 가리켜 변씨만두라 하면서 다음과 같이 설명하고 있다. "밀가루반죽을 밀어 귀나게 썰어 소를 넣고 귀로 싸고 닭을 곤 물에 삶아 초장에 쓰라"고 하였다. 또 『동국세시기』에는 "밀가루로 세모의 모양으로 만든 만두를 卞(성→변)氏만두라 하는데, 卞氏가 처음 만들었기 때문에 그런 명칭이 생겼을 것이다"고 하였으며, 『옹희잡지』에는 "卞氏饅頭는 메밀가루로 만든 삼각형의 만두로서 卞氏가 처음 만들었다"고 하였다.

# 편수

❶ 소고기는 핏물을 제거하고 곱게 다진다.
❷ 덧가루용 밀가루를 남겨두고 밀가루와 소금물, 식용유 약간으로 되직하게 반죽하여 젖은 면포로 덮어둔다.

❸ 소고기는 다지고 표고버섯은 채썰어 고기양념하여 각각 볶아 식힌다.
❹ 호박은 5cm로 돌려깎은 후 채썰어 소금에 절인 뒤 참기름에 볶아 식힌다.
❺ 숙주는 데쳐서 짧게 썰어 물기를 제거한다.
❻ 소고기, 표고버섯, 호박, 숙주를 섞어 깨소금, 참기름으로 무친다.
❼ 밀가루반죽은 직경 8×8cm의 만두피로 만들어 만두소와 잣을 하나씩 넣고 네모나게 빚는다.

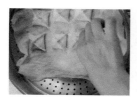   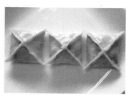

❽ 찜통에 찐다.
❾ 초간장을 곁들이거나 간을 한 찬 육수에 띄운다.

 **재　　료** ··· 소고기 50g, 오이 1개, 표고버섯 2개, 밀가루 200g, 잣 10g

『이조궁정요리통고』　　　　수교의의 일종. 밀가루에 달걀을 잘 개어 물과 섞어서 반죽하여, 얇게 밀어 지름 7cm 정도로 둥글게 뜨고, 소는 소금에 절인 오이, 소고기, 표고에 양념을 하여 볶고 해 삼모양으로 빚어 담쟁이잎을 깔고 찐 것. 초장을 곁들임

규아상은 일면 미만두라고도 하는 궁중의 여름철 찐만두 이다. 소의 재료는 오이, 표고, 소고기를 넣고 해삼 모양으 로 빚는다. 찔 때 만두가 서로 붙지 않게 담쟁이잎을 싸서 안치며 담을 때도 새잎을 깔아 멋스럽고 시원하게 담는다. 소의 재료는 모두 익혀서 하므로 잠깐만 쪄도 된다. 소에 넣는 잣은 길이를 반으로 가른 비늘잣으로 만들어 넣는다. 여름철이 되면 과(瓜)가 붙은 채소가 많이 생산되는데, 즉 수박(西瓜), 호박(南瓜), 오이(胡瓜) 등이 그것이며, 모

두 박과에 속하는 식물의 열매이다. 그중에서도 오이는 인도 원산으로 실크로드를 통하여 중국으로 전래된 것으 로 되어 있다. 오이는 수분이 95.5%로 많고, 비타민 C는 11mg% 정도 함유되어 있다. 오이의 색소는 엽록소이고 주 된 향기성분은 2,6-nonadienal이다.

오이의 쓴맛을 내는 성분은 머리부분에 많은데, 그 성분은 cucurbitacin이며 이는 열에 안정하므로 익혀도 그대로 쓴맛을 낸다. 또한 이 쓴맛은 청록부분에 많고 담백부분에 는 적다. 오이를 먹을 때 한 가지 주의할 점은 오이와 무를 섞으면 오이의 ascorbinase에 의해서 무의 비타민 C가 많 이 파괴된다는 점이다. 또 오이와 당근도 같은 원인 때문 에 비타민 C를 보존한다는 의미에서는 함께 사용하는 것 을 피하는 것이 좋다.

# 규아상

**❶** 가루용 밀가루를 남겨두고 밀가루와 소금물, 식용유 약간으로 되직하게 반죽하여 젖은 면포로 덮어둔다.
**❷** 소고기는 핏물을 제거하고 곱게 다진다.
**❸** 오이는 소금으로 문질러 깨끗이 씻는다.
**❹** 오이는 5cm로 돌려깎은 후 채썰어 소금에 절인 후 볶아 식힌다.

**❺** 다진 소고기와 채썬 표고버섯은 고기양념하여 각각 볶아 식힌다.
**❻** 소고기, 표고버섯, 오이를 섞어 깨소금, 참기름으로 무친다.
**❼** 잣은 반으로 갈라서 비늘잣으로 만든다.
**❽** 밀가루반죽은 직경 8cm의 만두피로 밀어 만두소와 비늘잣을 하나씩 넣어 해삼모양으로 만두를 빚는다.

**고기양념** ··· 간장 2작은술, 설탕 1작은술, 깨, 참기름, 후추, 다진 파, 다진 마늘

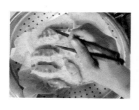  

**❾** 찜통에 찐다.
**❿** 담쟁이잎을 깔고 담으면 좋다.

**재　　료 …** 김치 100g, 두부 100g, 양파 1/4개, 당면 20g, 부추 20g, 다진 고기 100g, 밀가루 1½컵, 소금, 참기름, 깨, 다진 마늘, 다진 파, 간장 약간, 고 춧가루 약간, 후춧가루

# 김치만두

❶ 밀가루는 물, 소금, 약간의 기름으로 반죽해서 비닐백에 싸놓았다가 두께 0.3cm, 직경 10cm 내외로 동그랗게 민다.

❷ 파, 마늘은 다진다.
❸ 두부는 물기를 제거하여 으깨고, 김치도 다져서 물기를 제거한다.
❹ 부추는 짧게 자르고 당면은 삶아서 짧게 자른다.
❺ 재료를 큰 볼에 넣고 양념하여 만두소를 만든다.(기호에 따라 고춧가루를 넣고 다진 파, 다진 마늘, 깨, 참기름, 소금, 간장 약간, 후춧가루로 양념한다.)

❻ 만두피 가운데 만두소를 놓고 다양한 모양으로 만두를 빚는다.

❼ 김이 오르는 찜통에 넣고 10분 정도 찐다.
❽ 초간장을 곁들인다.

**초간장** ··· 간장 1큰술, 식초 1/2큰술, 설탕 1작은술, 물 1작은술

재  료 … 흰떡 200g, 쇠고기(양지) 70g, 달걀 1개, 청장, 파, 마늘

예로부터 우리나라에서는 어느 가정에서나 정월 초하루에는 떡국을 마련하여 조상께 차례를 지내고, 새해 아침에 일 년의 첫 식사를 하였다. 만두는 북쪽 지방 사람들이 즐기고, 남쪽은 떡국을 즐겨 한다. 떡국은 정초 차례상이나 손님대접을 위한 세찬상에 반드시 올리는 것이 우리의 풍속이다. 『동국세시기』에는 '떡을 돈같이 썰어 국을 끓여 먹는다'고 하여 떡국이 재물을 뜻한다는 의미가 있어 우리의 선조들은 새해 첫날 자신의 집안은 물론 새배 손님에게까지 떡국을 먹여 재물이 풍성해지기를 기원했다는 의미로도 볼 수 있다. 떡국은 멥쌀가루를 쪄서 안반(按盤) 위에 놓고 메로 쳐 몸이 매끄럽고 치밀하게 되도록 한 다음 가래떡으로 만든다. 이 떡을 백병(白餠)·거모(擧摸)라 하였다. 꾸덕꾸덕해진 가래떡을 얇고 어슷하게 썰어서 떡국거

리로 준비하여 육수에 넣어 끓인다.

떡국 위에 얹을 꾸미는 지방이나 각 가정에 따라 조금씩 다르다. 다진 고기를 볶아서 얹기도 하고, 온면처럼 오색의 채 고명을 얹거나, 고기산적을 작게 지져서 얹기도 한다. 달걀을 줄알 치는 대신에 지단을 부쳐서 넣기도 한다. 김은 식성에 따라 넣으며 많이 넣으면 고명의 티가 나지 않으니 적게 쓰는 편이 좋다.

떡국도 불으면 맛이 없으므로 먹을 시간에 맞추어 바로 끓여서 먹도록 한다.

명절의 떡국은 지방마다 특색이 있다. 개성에서는 조랭이 떡국을 끓이고, 충청도에서는 생떡국, 이북에서는 만둣국이나 떡만둣국을 끓이기도 한다.

# 떡국

❶ 사골이나 양지머리는 찬물에 담가 핏물을 제거하고 마늘과 대파를 넣고 고아서 장국을 준비한다.
❷ 장국에 청장과 소금으로 간을 하고 고기는 한입 크기로 썬다.
❸ 흰 가래떡은 어슷하고 둥근 모양으로 썰어 물에 씻어 건진다.

❹ 장국이 끓으면 떡, 고기, 마늘 다진 것을 넣는다.
❺ 떡이 익어서 떠오르면 어슷썬 파와 달걀을 풀어서 줄알을 치고 불에서 내린다.

*Tip*
• 고기는 따로 양념해서 고명으로 올려도 좋다.

제4장

면

# 제4장 면

## 1. 면

### 1) 한국음식 : 역사와 조리

메밀가루, 밀가루 등을 반죽하여 가늘게 썰거나, 국수틀로 가늘게 뽑은 식품의 총칭. 국수의 종류는 재료별로 녹말국수, 메밀국수, 밀국수 등이 있고, 조리법에 따라 국수장국 냉면, 비빔국수, 칼국수, 제물국수, 건짐국수 등이 있다. 한국의 전래생활에서는 국수가 상용주식은 아니고, 생일, 혼례, 회갑례 등의 잔치상에 차려지는 특별음식이었으나 현재는 평소의 음식으로 널리 쓰인다.

국수는 밀가루, 메밀가루를 물로 반죽하여 국수틀에서 뽑아내거나 반죽을 얇게 밀어서 칼로 가늘게 썬 것이다. 이것을 젖은 국수, 즉 습면(濕麵)이라 하고 저장을 위해 말린 것을 건면(乾麵)이라 한다. 국수는 일상용 주식이 아니고 생일, 혼례, 손님접대용 등 별미 주식이었다.

『조선무쌍신식요리제법』에는 "누구를 대접하든지 국수대접은 밥대접보다 낮게 알고, 국수대접에는 편육 한 접시라도 놓나니 그런고로 대접 중에 나으리라"고 하였다.

『동국세시기』에 우리나라의 전통적인 면은 메밀국수, 녹말국수(시면), 칼국수가 있으며 성례에는 메밀국수와 녹말국수가 주로 쓰였고 밀국수는 삼복 중 별미음식의 하나였으며, 녹말국수나 메밀국수에 비해 적게 쓰였다고 기록되어 있다. 『음식디미방』에서는 메밀국수를 면이라 하고 녹두가루 국수를 싀면, 착면이라 하였으며 밀가루 국수를 난면이라고 하였다. 『제민요술』에 수인병(水引餠)이라 하여 국수발이 굵은 국수가 처음 등장한다.

우리나라에서는 통일신라시대까지의 문헌에 국수를 가리키는 말이 보이지 않다가 송

(宋)과 교류를 가졌던 고려시대에 제례에 면을 쓰고 사원에서 면을 만들어 판다는 기록이 『고려사』에 나온다. 그러나 고려시대의 면이 어떤 것인지 알 수 있는 구체적인 자료가 없다. 『고려도경』에 "고려에는 밀이 적기 때문에 화북에서 수입하고 있다. 따라서 밀가루 값이 매우 비싸서 성례(成禮) 때가 아니면 먹지 않는다"고 하였다.

### 2) 절면(切麵)

밀가루, 메밀가루 등을 물로 반죽하여 잘 치대어서 끈기가 있도록 하여 밀판에 놓고 밀대로 얇게 밀어 칼로 가늘게 썬 국수이다.

### 3) 압착면(壓搾麵)

메밀가루와 녹말을 잘 반죽하여 잘 치대어서 국수틀에 넣고 압력을 가하여 뽑아낸 국수이다. 한국의 전통적 국수는 착면법이다. 촘촘히 구멍을 뚫은 바가지에 국수 반죽을 붓고 끓는 물 위에 놓고 바가지 구멍에서 빠져나오는 국수발을 찬물에 받아 굳히는 방법으로 냉면틀의 원시적 원리이다. 이러한 착면문화는 밀가루처럼 끈기가 많지 않은 메밀, 녹두, 마, 칡 같은 원료로 국수를 만들어 먹었기 때문이라고 생각한다.

### 4) 납면(粒麵) 또는 타면(打麵)

밀가루반죽을 양손으로 들어 잡아당겨서 밀판에 치고 당기어 가늘게 뽑아내는 국수이다. 우리나라 전통국수에서는 찾아볼 수 없고 중국에서 많이 하는 방법이다.

Memo

재　　료 … 소면 70g, 소고기(양지머리) 80g, 달걀 1개, 호박 1/4개, 석이버섯 1장, 표고버섯 1개, 실고추 약간, 파, 마늘

온면은 가는 밀국수나 메밀국수를 더운 장국에 말아서 웃기를 얹는 국수이다. 미혼인 사람에게 국수 언제 먹여주느냐고 묻는 것은 결혼을 언제 하느냐의 의미로 묻는 것이다. 이처럼 혼례나 경사스러운 잔치 때에는 손님들에게 반드시 국수로 대접하였다. 온면의 국수는 가는 밀국수가 일반적이고, 때로는 가는 메밀국수로도 만든다. 국수 위에 얹는 고명은 오색의 재료를 채로 썰어 준비한다. 쇠고기와 표고로 작은 산적을 만들어서 얹기도 하고, 채로 썰거나 다져서 볶아서 쓰기도 한다. 푸른색은 호박이나 오이를 가늘게 채로 썰어 볶거나 실파나 미나리를 얹는다.

온면은 삶아놓은 국수를 반드시 끓는 장국에 넣고 토렴하여서 다시 더운 장국을 부어 바로 대접하여야 한다. 국수음식은 불으면 면발이 탄력이 없고 맛이 없어진다. 국수상의 찬품으로 전유어, 편육 등과 배추김치가 어울린다.

# 온면

❶ 쇠고기는 물에 담가 핏물을 빼고 물에 넣어 고기가 무르도록 푹 끓인다.

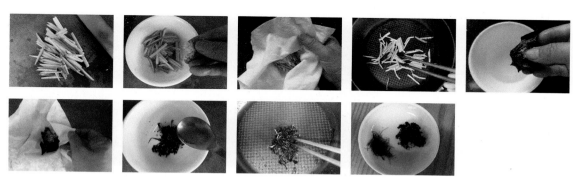

❷ 호박은 채썰어 소금에 절였다가 팬에 기름을 두르고 볶아낸다.
❸ 석이버섯과 실고추, 계란지단 고명을 준비한다.

❹ 고기와 육수를 분리하고 육수는 청장과 소금으로 간을 한다.
❺ 고기와 표고버섯은 폭 0.7cm, 길이 5cm로 잘라 고기양념한 후 꼬치에 꽂아 팬에 지진다.

**고기양념** … 간장 1큰술, 설탕 1/2큰술, 깨, 참기름, 후춧가루, 다진 파, 다진 마늘

❻ 국수는 찬물을 부어가며 삶아 헹군 후 사리를 만든다.
❼ 고명을 얹고 뜨거운 육수를 붓는다.

재    료 ··· 소면 70g, 소고기 30g, 건표고버섯 1개, 석이버섯 5g, 오이 1/4개, 달걀 1개, 실고추 1g, 파 · 마늘, 양념 적량

『시의전서』 국수에 넣는 채소는 가리지 말고 각 계절마다 흔한 채소를 익혀서 넣으면 된다. 푸른 채소로는 호박, 오이, 미나리 등이 좋고 버섯은 표고, 느타리, 목이, 석이 등이 좋음

일명 골동면(骨董麵), 비빔국수. 삶아 건진 국수에 여러 가지 양념을 넣고 비빈 국수. 국수를 삶아 건져 쇠고기 볶은

것, 숙주, 미나리, 묵 무친 것 등을 넣고 비벼서 담고, 그 위에는 고기 볶은 것, 고춧가루, 깨소금을 뿌리고 장국을 함께 내놓는다.
메밀국수, 밀국수, 건짐국수 등 어느 것이나 비빔국수로 만들 수 있다.

# 비빔국수(골동면)

❶ 소고기는 핏물을 제거한다.
❷ 표고버섯과 석이버섯은 물에 불린다.
❸ 오이는 소금으로 문질러 깨끗이 씻는다.
❹ 오이는 5cm로 돌려깎기하여 0.3cm로 채썬 후 소금에 절였다가 물기를 제거한다.
❺ 소고기는 0.3×0.3×5cm로 채썰고 표고버섯도 채썰어 고기양념한다.
❻ 불린 석이버섯은 이끼를 제거하고 물기를 닦은 후 말아서 채썰어 소금, 참기름으로 간한다.
❼ 달걀은 황·백지단을 부쳐 0.2×0.2×5cm로 썬다.
❽ 번철에 기름을 두르고 오이, 버섯, 소고기 순서로 볶아내어 헤쳐 식힌다.

**고기양념** … 간장 2작은술, 설탕 1작은술, 깨, 참기름, 후추, 다진 파, 다진 마늘

❾ 국수를 삶아서 찬물에 헹구어 물기를 빼고 참기름, 간장, 설탕으로 밑간한다.

❿ 채소와 고기, 버섯을 넣고 비벼 그릇에 담은 후 지단, 석이버섯, 실고추를 고명으로 얹는다.

 **재　　료** … 밀가루 100g, 멸치 20g, 애호박 60g, 건표고버섯 1개, 실고추 1g, 청장, 파 · 마늘 양념 적량

국수는 원래 반죽을 손으로 눌러서 풀잎처럼 만들었다는 수인병(手引餠)이었고, 그 후에 반죽을 누르면서 늘여서 만드는 박탁(餺飥)이 되었다가 도마와 칼이 생기고 나서는 얇게 밀어서 칼로 써는 칼국수가 된 것이다. 우리나라에서는 국수를 끈기가 없는 메밀로 만들기 때문에 반죽을 분통에 눌러서 빼는 방법을 고안한 듯하다.

옛날 음식책에는 칼국수라는 말은 나오지 않고 대개는 밀가루로 만들어서인지 '밀국수'라고 하였다. 이와 구별하여 마른국수나, 국수틀에서 누른 메밀국수를 더운 장국에 만 것을 '온면'이라고 하였다.

전통적인 방법으로는 밀가루반죽을 얇게 밀어서 가늘게 썬 다음 삶아 건진다. 소고기 끓인 국물에 채소를 넣어 다시 끓인 후 대접에 국수를 말고 준비한 장국을 부어 오이나 호박나물을 얹어 먹는다.

제물칼국수는 칼로 썬 국수를 따로 삶지 않고 닭국이나 멸치장국을 바로 넣어 끓이는 것으로 국물이 걸쭉하다.

# 칼국수

   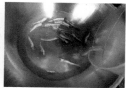

❶ 멸치는 머리와 내장을 제거한다.
❷ 멸치는 냄비에 기름 없이 볶다가 찬물에 넣어 끓이면서 거품은
   걷어내고 면포에 걸러둔다.
❸ 육수는 청장으로 간을 한다.

❹ 애호박은 0.2×0.2×5cm로 돌려깎은 후 채썰어 소금에 절였다가 기름 두른 번철에 볶는다.
❺ 표고버섯은 채썰어 간장, 설탕, 참기름으로 양념하여 볶는다.

❻ 덧가루용 밀가루를 남겨두고 밀가루와 소금물, 식용유 약간으로 되직하게 반죽하여 젖은 면포로 덮어둔다.
❼ 반죽은 0.2cm 두께로 얇게 밀어 덧가루를 뿌려 접은 후 0.3cm 폭으로 썰어 덧가루를 뿌려가며 펼쳐둔다.

❽ 육수가 끓으면 국수를 넣고 저어가며 끓인다.
❾ 그릇에 칼국수를 담고 애호박, 표고버섯, 실고추를 고명으로 얹어 뜨거운 국물을 부어준다.

**재　　료** … 밀가루 100g, 달걀 1개, 소고기(양지) 80g, 애호박 1/3개, 실고추 1g,
석이버섯 5g

『규합총서』　　밀가루와 달걀노른자를 섞어 만든 국수를 오
미자즙에 만 것. 밀가루에 달걀노른자를 섞어 반죽하고 얇게 밀어
머리카락같이 썰어 삶아 오미자물에 만 것

밀가루에 달걀물로 반죽한 국수를 난면이라 부르는데 부
드럽고 약간 노른빛이 난다. 젖은 국수라서 장국에 직접
끓이는 제물국수도 되고, 온면처럼 국수를 따로 삶아 고명
을 올리는 법으로도 한다.
한편 『음식디미방』에는 밀가루로도 국수를 만들고 있다.
"달걀을 밀가루에 섞어 반죽하여 칼국수로 하여 꿩고기 삶
은 즙에 말아서 쓴다"고 하고, 이것을 '난면법'이라 하였다.
『시의전서(是議全書)』에도 밀가루와 달걀로 만든 칼국수가
나오는데 국물이나 꾸미가 보다 호화롭다.
조선시대 최고의 조리서인 『음식디미방』의 절면은 주재료
가 메밀가루이고 여기에 연결제로써 밀가루를 섞고 있다.
『주방문』에서는 메밀가루를 찹쌀 끓인 물로 반죽한다. 오
늘날의 칼국수에는 밀가루를 많이 쓰고 있으나 옛날에는
우리나라에 밀가루가 그다지 흔하지 않았다. 『고려도경(高

麗圖經)』에 의하면 "고려에는 밀이 적기 때문에 화북에서
수입하고 있다. 따라서 밀가루 값이 매우 비싸서 성례 때
가 아니면 먹지 못한다"고 하였다. 『음식디미방』이나 『주방
문』이 나온 1600년대 말엽에 메밀은 으뜸가는 국수 재료였
다. 『음식디미방』이나 『주방문』에서의 메밀칼국수 만들기
는 상식적이란 뜻에서 자세한 설명 없이 가볍게 취급하고
있다. 『증보산림경제』에는 반죽한 것을 얇게 밀어서 가늘
게 실처럼 썬다고 하였다.
달걀에는 단백질이 13% 정도 들어 있으나 난황과 난백의
단백질은 그 성질 및 함량이 매우 다르다. 난백 단백질은
대부분 수용성 형태로 12종류로 구성되는데 ovalbumin,
conalbumin 및 ovomucoid가 전체의 약 90%를 차지하고
있다. 난황 단백질은 아미노산 조성이 좋은 고급 단백질로
대부분 인단백질로 되어 있고 여기에 지방이 결합한 지단
백질(lipoprotein)로 존재하는데, 난황 중 약 30%를 차지
한다. 달걀의 지방은 난백(0.05~0.1%)에는 거의 없고 난
황 중에 약 33%가 들어 있다. 난황의 지방은 인지질을 다
량 함유하며 대부분 단백질과 결합하여 존재한다.

# 난면

  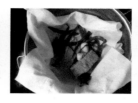 

① 소고기는 핏물을 제거한다.
② 석이버섯은 물에 불린다.
③ 소고기 양지는 끓는 물에 삶아 면포로 거른 후 육수를 청장으로 간한다.

 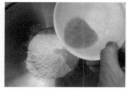  

④ 달걀은 소금을 약간 넣고 잘 풀어놓는다.
⑤ 밀가루는 풀어놓은 달걀로 되직하게 반죽한다.

⑥ 애호박은 돌려깎기하여 채썬 뒤 소금에 절인 후 다진 파, 마늘, 깨소금, 참기름으로 양념하여 볶는다.
⑦ 불린 석이버섯은 이끼를 제거한 후 참기름, 소금간하여 볶는다.
⑧ 달걀은 황·백으로 지단을 부쳐 채썰어 둔다.
⑨ 반죽은 0.2cm로 얇게 밀어서 0.2cm 폭으로 썰어 서로 붙지 않도록 덧가루를 뿌려가며 펼쳐둔다.

 *Tip*
• 면이 탄력성이 좋아 국수를 가늘게 써는 것이 좋다.

⑩ 장국이 끓으면 국수를 넣고 저어가며 끓인다.
⑪ 그릇에 국수와 국물을 담고 소고기, 호박, 황·백지단, 실고추, 석이버섯 순으로 고명을 얹는다.

재　　료 … 소면 70g, 양파 1/6개, 당근 40g, 오이 50g, 깻잎 1장, 계란 1개, 김치 40g

비빔면은 삶은 국수를 장국에 마는 것이 아니라 양념장으로
고루 비벼서 먹는 국수이다. 예전에는 간장으로 양념장을
만들어 비볐으나 요즈음은 고추장 양념으로 맵게 하는 것이
더 일반적이다. 비빔국수는 비벼서 오래 두면 맛이 아주 떨
어지므로 먹을 시간에 맞추어 국수를 삶아서 바로 만들어야
한다.

# 비빔국수

❶ 냄비에 물을 붓고 끓으면 국수를 펼쳐 넣고 찬물을 2~3번 부으면서 투명하게 삶는다.
❷ 오이, 양파, 당근은 채썰고, 김치는 다지고 깻잎은 채썰어 찬물에 담가둔다.

❸ 계란은 삶아서 반으로 잘라놓는다.
❹ 양념장을 만든다.

**양념** … 고추장 1큰술, 고춧가루 1/2작은술, 간장 1/2작은술, 참기름 1작은술, 참깨 1작은술, 설탕 1/2큰술, 식초 1/2큰술, 다진 파, 다진 마늘

❺ 국수와 야채를 섞어 양념장에 버무린다.
❻ 계란과 깻잎을 위에 올린다.

재　　료 ··· 소면 90g, 백태 150g, 오이 1/4개, 소금, 깨 등

예나 지금이나 입맛이 없는 삼복더위에는 콩국수가 맛뿐만 아니라 더위에 지친 심신에 활력을 주는 보양식이다.
우리나라에서 콩국수를 언제부터 먹기 시작했는지는 정확히 알 수 없으나, 1800년대 말에 나온 『시의전서』에 콩국수와 깨 국수가 나오는 것으로 보아 꽤 오래된 음식임을 알 수 있다.
『시의전서』에 콩국수 만드는 방법으로 "콩을 물에 담가 불린 다음 살짝 데쳐서 가는 체에 걸러 소금으로 간을 맞춘다. 밀 국수를 말고 그 위에 채소 채 친 것을 얹는다"고 하였다.
콩국에 어울리는 찬은 첫째가 열무김치이다. 오이나 버섯나 물 또는 조기찜도 잘 어울린다.
황해도 지방에서는 질 좋은 수수가 많이 나오므로 경단을 만 들어 콩국에 띄우기도 한다.

# 콩국수

❶ 콩은 깨끗이 씻어 충분히 불려준다.
❷ 냄비에 콩이 충분히 잠길 만큼 물을 붓고 끓어오르면 8분 정도 더 끓인다.
❸ 콩껍질을 벗겨준다.
❹ 삶은 콩은 약 2배 정도의 물을 넣고 믹서기에 곱게 갈아준다.

 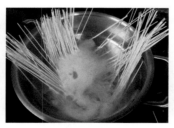 

❺ 오이는 소금으로 문질러 깨끗이 씻은 후 약 5cm 정도로 채썬다.
❻ 냄비에 물을 붓고 끓으면 국수를 펼쳐 넣고 찬물을 2~3번 부으면서 투명하게 삶는다.
❼ 그릇에 국수를 담고 콩국을 붓는다.
❽ 오이를 얹고 기호에 따라 깨를 뿌린다.
❾ 소금을 함께 곁들인다.

Tip

• 기호에 따라 콩을 갈 때 잣이나 땅콩 등을 함께 갈면 고소한 맛이 향상된다.

• 삶은 계란이나 방울토마토 등을 썰어서 얹기도 한다.

재　　료 … 밀가루 1/2컵, 감자 30g, 애호박 30g, 건멸치 20g, 건다시마 5g,
건표고버섯 1개, 파, 마늘, 청장, 후춧가루, 소금

밀가루에 소금을 넣고 물로 부드럽게 반죽하여 고기장국이
나 멸치장국에 감자, 호박, 양파, 파 등의 채소를 넣고 끓인
장국에 얇게 뜯어서 넣어 구수한 맛이 나도록 끓이는 서민적
인 음식이다.

수제비는 예전 농가에서 여름철에 빼놓을 수 없는 주식이었
다. 긴 여름 해에 쌀과 보리가 떨어지면 미역국을 펄펄 끓여
서 부드럽고 질게 반죽한 밀가루나 메밀가루를 수저로 떠 넣
어 익힌 수제비는 넉넉한 집에서도 여름철 별미로 즐겨 먹었
다. 특히 늦더위가 물러가는 마지막 고비인 칠석날에는 반드
시 밀전병과 밀국수를 해 먹는 풍습이 있었다.

경상도 통영 지방에서는 수제비를 군둥집, 이북에서는 뜨더
국이라고 부른다.

밀이 귀한 곳에서는 그 지역에서 가장 흔한 재료, 즉 감자,
강냉이, 메밀, 도토리 등으로 수제비를 만들었다.

수제비는 『신영양요리법』(1935)에 처음 기록되었고, 『조선요
리법』(1938), 『조선요리제법』(1942), 『조선무쌍신식요리제법』
(1943)에 기록되었다.

# 수제비

 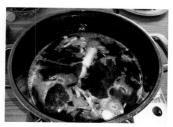

❶ 멸치는 내장과 머리를 제거한 후 냄비에 볶다가 물을 붓고 건다시마, 건표고버섯, 파, 마늘을 넣고 끓인 후 체에 밭쳐 육수를 만든다.
❷ 육수는 청장과 소금으로 간을 한다.

❸ 밀가루와 소금물, 식용유를 약간 넣고 반죽하여 젖은 면포로 덮어둔다.
❹ 감자, 애호박, 불린 표고버섯은 한입 크기로 썰어둔다.

❺ 육수가 끓으면 썰어놓은 채소를 넣는다.
❻ 채소가 어느 정도 익으면 손으로 반죽을 한입 크기로 얇게 떼어 넣는다.
❼ 수제비가 익어서 떠오르면 어슷썬 파를 넣고 한번 끓으면 그릇에 담아 후춧가루를 약간 뿌린다.

# 국 · 탕

# 제5장 국·탕

## 1. 국·탕

### 1) 한국음식 : 역사와 조리

여러 가지 수조육류, 어패류, 채소류, 해조류 등으로 끓인 국물요리로, 국의 종류를 크게 구분하면 맑은장국, 토장국, 곰국, 냉국 등으로 나눌 수 있으며, 밥상을 차릴 때 기본적으로 필요한 음식의 하나이다.

삼국시대부터 주·부식 분리형의 일상식이 행해졌고, 일상식의 부식 중 반찬으로 국이 기본으로 사용되어 왔다. 국은 식품의 좋은 맛이 국물에 많이 옮겨지도록 조리한 것으로 반상차림에서 필수음식의 하나이다.

국은 갱(羹), 학(臛), 탕(湯)으로 표기되며 1800년대의 『시의전서』에 처음으로 생치국이라 하여 국이라는 표현이 나온다.

갱은 채소를 위주로 끓인 국, 고기가 있는 국, 양을 주로 한 국, 새우젓으로 간을 하여 끓인 국, 제사에 쓰이는 국, 궁중에서 원반에 놓이는 국이라 설명했고, 학은 고기를 위주로 끓인 국, 동물성 식품으로 끓인 국, 채소가 없는 국이라고 설명했으며, 탕은 보통의 국, 제물로 쓰이는 국, 간장으로 끓인 국, 궁중에서 협반에 놓이는 국, 향기나는 약용식물이나 약이성 재료를 달여서 마시는 음료라고 설명하였다.

『동언고략』에서는 "갱을 국(搰)이라 함은 국(搰)이니 즙(汁)이 국할 것이 있다"고 하였다. 『임원십육지』에 탕이란 "향기나는 약용식물을 숙수(熟水)에 달여서 마시는 음료"를 말하였고, 『동의보감』에서는 "약이성재료(藥餌性材料)를 숙수에 달여서 질병 또는 보강제에 사용하는 것"이라 하였다. 이로써 탕은 조리상의 국이 되고 음료가 되기도 하며 또 약이 되기도 한다. 국을 탕이라고도 하는 것은 우리나라에서의 강력한 약식동원(藥食同源)의 발로라 하겠다. 이것으로 보아 학(臛)은 채소가 없이 동물성 식품으로만 끓인 국임을 알 수 있으나, 갱과 탕의 설명은 문헌마다 차이가 있어 통일되게 표현하기가 어렵다.

　국은 탕기에 담아 뚜껑을 덮어서 내놓게 되는데 요즈음은 보통 대접에 담아 뚜껑을 덮지 않는 것으로 변했다. 국물은 대접에 7~8할 정도 담고 국물과 건더기의 비율은 3:1 정도로 한다.

Memo

**재  료** … 시금치 250g, 고추장 2작은술, 소고기 80g, 대파 1대, 쌀뜨물 7컵, 다진 마늘 2작은술, 된장 3큰술

『한국음식』  시금치를 살짝 데쳐 고기와 파, 마늘을 넣고 된장을 풀어 끓인 국

예전에는 된장국을 토장국이라 했는데 물에 된장을 풀고 철마다 나는 푸성귀를 넣어 끓이는 가장 보편적인 서민의 국이다. 된장국의 건지로 겨울철에는 시래기가 제맛이고, 봄철에는 냉이나 소리쟁이 등에 조개를 넣고 끓이며, 여름철에는 솎음배추나 근대, 시금치 등을 넣고, 가을철에는 배추속대나 아욱이 제맛이 난다.
된장국은 겨울에서 봄에 많이 끓여 먹는데, 먼저 소고기나 멸치로 장국 맛을 낸 다음 배추, 시금치, 소리쟁이 등의 잎채소나 무, 달래, 불린 시래기 등을 넣고 된장을 풀어서 푹 끓인다.
시금치는 이란을 중심으로 하는 중동지방에서 재배하기 시작해 회교도가 동서로 전파했다고 한다. 중국 당나라 때의 한 문헌에서는 서역의 파릉국에서 한 스님이 그 종자를 가져왔다고 하여 한자로 '파릉(菠薐)'이라 하였다고 한다. 『본초강목』에는 인파라국에서 시금치가 들어왔다는 기록이 있다. 인파라국은 히말라야산맥 일대를 말한다. 우리나라에서도 일찍부터 먹었으리라 생각하지만 문헌에는 나와

있지 않다.
시금치는 줄기 속이 비어 있고 뿌리에 붉은빛이 도는 채소로 추운 기후에도 잘 자라며 일 년 내내 구할 수 있으나 10월부터 이듬해 4월에 가장 흔하다. 품종이 다양하고 재배지에 따라 맛이 다른데 우리나라에서는 현재 48종의 시금치를 재배하고 있다.
시금치는 '비타민의 보고'로 불릴 만큼 여러 비타민이 고루 들어 있는데 특히 비타민 A, C가 채소 중에 가장 많이 들어 있고 비타민 B1, B2, niacin과 엽산을 함유하고 있다. 무기질 중에는 철분, 칼슘, 요오드가 많이 들어 있어 성장기 어린이나 임산부에게 아주 좋은 알칼리성 식품이다.
『본초강목』에서는 "시금치는 혈액을 잘 통하게 해주고 속을 편하게 해주며, 답답한 가슴을 풀어준다"고 하였고, 『식료본초』에서는 "오장을 이롭게 하고 위와 장에 좋으며 주독을 풀어준다"고 하여 오래전부터 아주 이로운 식물로 여겼다.
잎을 주로 먹는 채소에는 시금치, 근대, 아욱, 배추, 쑥갓, 상추 등이 있는데 이들은 날로 먹을 수 있는 것은 쌈을 싸서 먹거나 생채로 무치고, 데쳐서 나물을 하거나 된장국거리로 쓴다.

# 시금치된장국

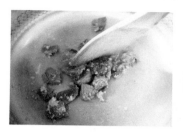

❶ 소고기는 핏물을 제거한다.
❷ 시금치는 뿌리를 제거하고 깨끗이 씻는다.
❸ 쌀은 씻어 첫물은 버리고 쌀뜨물을 만든다.
❹ 소고기는 얇게 저며 썰어 양념하여 냄비에 볶다가 쌀뜨물을 붓고 끓인다.

❺ 4에 된장과 고추장을 체에 밭쳐서 푼 다음 중불에 끓인다.
❻ 시금치는 다듬어 씻은 다음 끓는 소금물에 살짝 데쳐 찬물에 헹구어 4cm 길이로 썬다.
❼ 대파는 채썰고 마늘은 다진다.
❽ 육수가 끓어서 맛이 들면 데친 시금치, 대파, 다진 마늘을 넣어 맛이 어우러지게 끓인다.

❾ 간이 부족하면 국간장이나 소금으로 간을 맞춘다.

**재　　료** … 오이 2개, 물 6컵, 식초 4큰술, 대파 1대, 청장 1큰술, 소금 적량

『한국음식』　　오이를 채 쳐 양념한 것에 끓여 식힌 물을 붓고
식초를 넣어 만든 냉국

냉국은 여름철에 더위를 식혀주는 찬 음식으로 우리말로
는 '찬국'인데 옛 음식책을 보면 '창국'으로 표기하기도 하
였다. 창(暢)은 '화창할 창'으로 청량감을 주는 시원한 국이
라는 뜻인 듯하다. 조자호의 『조선요리법』에서는 "여름철
에 입맛이 없을 때는 창국이 좋다"고 하였다.
냉국의 건지로는 미역, 김, 오이, 파, 우뭇가사리, 다시마,
가지, 콩나물 등을 쓴다. 보통 건지를 양념하였다가 장국
에 식초와 간장을 넣어 먹는다.
어느 집에서나 가장 즐겨 먹는 것이 오이냉국과 미역냉국
이다. 오이는 곱게 채썰어 넣는데 상큼한 향과 사각사각
씹는 감촉이 매우 좋아 미역이나 다시마냉국에 곁들여 넣
기도 한다.
『조선무쌍신식요리제법』에 '외창국'에 대한 설명이 있다.
"어린 외를 씻어 꼭지를 딴 후에 얇게 채를 치고 장과 초와
파와 자총이를 채 쳐 한데 넣은 후에 고춧가루를 넣고 한
두 시간 절였다가 물을 넣고 간을 맞추어 먹되 식초를 많

이 넣는다. 창국 중에 제일 좋다. 속이 들지 않은 외로 골
라 얇게 쳐서 먼저 초에다 갖은 고명하여 절인 후 먹을 때
물을 부어야 외가 떠오르니 국이 아니라 김치처럼 먹기도
한다."
요즈음 흔히 만드는 오이냉국은 연한 오이를 채썰어 찬물
에 식초와 소금으로 간을 맞추어서 띄워 맛이 산뜻하지만,
예전에는 냉국에도 기름기 없는 소고기 살을 다져 양념하
여 볶아서 넣기도 하였다.
오이는 인도 북서부가 원산지이며 중국에는 기원전 200년
경에 전파되었고 우리나라에는 1500년 전에 도입된 것으
로 추정된다. 오이는 1년생 초본이며 미숙과를 식용한다.
오이를 재배하는 동안에 칼륨성분이 부족하거나 지주를
세우지 않으면 구부러지고, 오이의 끝은 저온이나 건조 또
는 고온으로 인하여 발육이 불완전할 때 쓴맛(elaterin)이
난다.
우리나라에서는 생과를 주로 사용하며 저장은 별로 하지
않는다. 가공품으로는 오이소박이, 오이물김치, 오이장아
찌, 오이피클 등이 있다.

# 오이냉국

❶ 끓여 식힌 물에 식초를 타서 국물을 만든다.
❷ 간이 부족하면 청장과 소금으로 간을 맞춘다.

 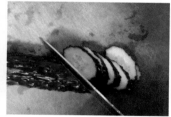 

❸ 오이는 소금으로 문질러 깨끗이 씻는다.
❹ 오이는 어슷하고 얇게 썬 다음 가늘게 채로 썬다.

❺ 오이는 청장, 다진 마늘, 참기름, 설탕, 깨소금, 고춧가루로 양념하여 숨이 죽을 때까지 잠시 절인다.
❻ 만든 냉국물을 양념한 오이에 붓고 나머지 간을 조절한다.

> **Tip**
> • 깨나 홍고추를 위에 얹기도 한다.
> • 미역을 함께 넣어 미역오이냉국을 하기도 한다.
> • 얼음을 넣을 때에는 간을 조금 세게 하거나, 장국을 얼려서 넣는다.

 재    료 … 소고기(양지) 300g, 무 1/4개, 대파 2대, 숙주 100g, 불린 고사리 70g, 불린 토란대 100g

『한국음식』　소의 살코기를 푹 고아 찢어 고춧가루, 파, 마늘, 간장, 기름, 후춧가루로 양념하여 국물에 넣고 실파를 갸름하게 썰어 많이 넣고 끓인 국

육개장은 양지머리나 사태 등 국거리 고기를 무르게 삶아 파를 많이 넣고 고춧가루로 매운맛을 낸 국이다. 더운 여름철 삼복의 시식으로 먹는 별미국이다. 고추장만으로 간을 하면 맛이 텁텁해지므로 고춧가루와 섞어서 쓰도록 한다.
조자호의 『조선요리법』(1939)에는 육개장을 토장국에 소속시키고 있다. 『임원십육지』의 녹갱법(鹿羹法)은 "사슴고기를 화초(花椒), 회향(回香), 홍두(紅豆), 계핏가루, 술, 초, 장, 총백과 함께 자기에 넣어 밀봉해 중탕으로 푹 익힌 국"이라 하였다. 이것은 중탕 육개장이다.
『경도잡지』에서 "구장(拘醬)이란 개고기를 총백(葱白)에 섞어 삶은 것이다. 국을 끓이고 고춧가루를 뿌리고 흰밥을 말아서 먹는다"고 하였다. 구장은 개고기에다 향신료와 파를 특별히 많이 넣어서 끓이는 것이 특징이다. 그런데 개

고기가 식성에 맞지 않는 사람은 개 대신 소고기를 쓴다. 이것이 육개장이다. 『연대 규곤요람』의 육개장은 "고기를 썰어서 토장을 풀고 물을 많이 부어서 끓이되 썬 고기가 푹 익어서 고기점이 풀리도록 끓인다. 종지파 잎을 썰지 않고 그대로 넣고 기름 치고 후춧가루를 넣는다"고 하였다. 손정규의 『조선요리』(1940)의 육개장은 "기름기가 적은 쇠고기를 덩어리째로 맹물에 충분히 고아서, 고기를 꺼내어 섬유결에 따라 잘 찢고, 파, 후추, 참깨가루, 기름, 간장을 버무려 고기국물에 넣어 끓인다"고 하였다.
고추기름은 육개장 맛의 포인트이다. 고추의 캡사이신은 지용성이므로 쇠기름을 녹여서 간 마늘, 간 생강을 넣고 서서히 볶다가 고춧가루를 넣는데 요즘에는 식물성 식용유를 사용한다. 고사리는 보릿고개를 넘겨준 보은의 식물이었다. 제주도에서는 곡우(24절기 중 하나, 양력 4월 20일경) 무렵에 내리는 비를 고사리가 한창 클 때 내리는 비라고 해서 고사리 장마라고 한다. 제주도는 습하고 따뜻해서 양치식물의 보고이다.

# 육개장

❶ 고사리와 토란대는 불린다.
❷ 무는 껍질을 제거하고 깨끗이 씻는다.
❸ 소고기 양지는 찬물에 담가 핏물을 제거한 후 끓는 물에 무와 함께 고기가 무를 때까지 끓인다.
❹ 고기가 충분히 무르면 국물의 기름을 제거한다.

   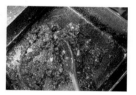

❺ 무는 납작하게 썰고 파는 8cm로 토막내어 데친 후 찢어둔다.
❻ 숙주는 끓는 물에 데치고 불린 고사리와 토란대는 7cm로 자른다.
❼ 팬에 고춧가루와 참기름을 넣고 끓여 고추기름을 낸다.
❽ 고기는 결대로 찢어준다.

❾ 재료에 고추기름, 국간장, 액젓, 다진 마늘, 다진 생강, 후춧가루를 넣어 밑간한다.
❿ 육수를 재료에 넣고 끓인 후 소금이나 국간장으로 간을 맞춘다.

Tip
• 재료는 각각 양념하여 밑간하는 것이 좋다.
• 진한 국물을 위해서는 양념할 때 재료에 찹쌀가루를 조금 섞어서 밑간한다.

재　　료 … 소고기(살코기) 80g, 소고기(양지) 50g, 달걀 1개, 쑥 50g, 밀가루 약간,
파 · 마늘 · 청장 등 적량

『한국음식』　쑥으로 끓인 국
1법 : 소고기 다진 것, 쑥 다진 것을 섞어 완자를 만들고 달걀을
　　　묻혀 끓인 육수에 넣고 센 불에서 끓여 쑥의 파란색이 돌게
　　　끓인 맑은장국
2법 : 맑은장국을 끓여 쑥잎에 녹말가루와 달걀흰자 씌운 것을 묻
　　　혀 넣고 끓이기도 함

봄철에 나는 연한 햇쑥으로 만들어 초봄의 향기가 물씬 풍
긴다. 쑥을 데쳐서 소고기와 함께 완자를 빚어 넣어 끓인
맑은국이다. 교자상이나 주안상에 어울리는 국이며 반상
에는 된장국에 넣어 끓인 것이 어울린다. 다른 방법으로는
쑥을 끓는 물에 살짝 데쳐 밀가루, 달걀의 순으로 옷을 입
혀서 넣어 끓이기도 한다.
쑥국을 끓이려면 생것을 그대로 쓰거나, 향이 너무 진하면
삶아서 냉수에 담가 우린 다음에 쓴다. 쌉쌀하면서도 독특
한 향이 입맛 없는 봄철에 입맛을 당기게 해준다. 토장국
을 만들 때는 쌀뜨물에 된장을 풀고 다듬은 쑥을 넣어 끓
인다. 국물을 낼 적에 멸치, 소고기, 모시조개를 넣어 맛을
더욱 돋우어준다. 특히 남부지방에서는 쑥국을 특이한 방

법으로 끓이니 쑥을 날콩가루에 버물버물 섞어 된장국에
넣어 끓이는데 콩가루 때문에 그 구수한 맛이 매우 각별하
다. 쑥으로 맑은장국 끓인 것을 애탕이라 한다. 애탕을 할
때는 먼저 쑥을 다듬어 삶아낸 다음에 다져서 소고기 다진
것과 합하여 양념한다. 쑥은 소고기의 반만큼만 넣어도 된
다. 이것을 큰 대추알만 하게 둥글게 빚어 완자를 만든다.
간을 맞추어 소고기장국을 끓이고 쑥완자는 밀가루에 굴
려 달걀 푼 것에 담갔다가 한 알씩 건져 국에 넣고 끓인다.
알이 떠오르면 곧 불을 끈다. 봄철 주안상에 어울리는 별
미국이라 하겠다.
쑥을 별미로 먹을 수 있는 다른 조리법으로 튀김을 들 수
있다. 튀김에는 생쑥을 써야 한다. 처지지 않고 바삭하게
튀겨야 하니 먼저 밀가루와 녹말가루를 반반 섞어 걸쭉하
게 옷을 만든다. 마른 밀가루에 한번 묻히고 옷을 묻히면
옷이 벗겨지지 않고 잘 입혀진다. 이때 한 가닥씩 잡아 기
름에 넣어야 튀겼을 때 쑥의 모양이 살아난다. 쑥으로 밥
을 하기도 한다. 밥을 뜸 들일 때 연한 쑥을 넣고 고루 섞
으면 된다. 향이 진하게 나면 많이 먹을 수 없으니 조금만
넣는 게 좋다.

# 애탕

❶ 소고기는 핏물을 제거한다.
❷ 쑥은 다듬어 깨끗이 씻는다.
❸ 소고기 양지는 납작하게 썰어 소금, 참기름, 후추, 마늘로 간하여 장국을 끓인다.
❹ 쑥은 데친 후 다져서 물기를 제거한다.
❺ 다진 소고기는 청장, 참기름, 후추, 파, 마늘, 깨로 양념하여 쑥과 함께 소금으로 간한 후 잘 치댄다.

❻ 5를 동그랗게 빚은 후 밀가루, 달걀을 묻힌다.
❼ 맑은장국이 끓으면 완자를 넣어 끓인다.
❽ 그릇에 담고 쑥잎과 달걀지단을 띄운다.
❾ 청장으로 간을 한다.

재　　료 … 소고기 100g, 움파 또는 실파 200g, 달걀 1개, 국간장·참기름 등 적량

소고기는 잘게 썰어서 장국을 끓이다가 청파를 반으로 쪼개어 한 치 길이로 잘라 넣어 끓이다가 간을 맞추어 달걀을 풀어 넣는다. 국물맛이 시원한 국이다. 겨울철에는 움파로 쓰는데 감기에 매우 효과가 있다.

『증보산림경제』의 맑은장국은 "고기로 국을 끓이려면 고기를 난도하여 참기름으로 볶고 이것을 장수(醬水)에 넣어 끓인다"고 했다. 윤서석 교수는 『한국음식』에서 맑은장국은 "양지머리나 사태 부위의 고기를 푹 고아 받쳐두고 그 국물에 간장과 건더기를 넣고 끓인다"고 하였다. 그래서 맑은장국의 맛은 국간장이 좌우한다. 그래서 "장 없는 놈이 국 즐긴다"라는 속언까지 생기기도 했다. 맑은장국은 국물의 맛을 내기 위하여 소고기, 생선, 조개, 멸치 등을 냉수에 넣고 끓여서 간장으로 간을 맞춘다. 이 맑은 국물에 건더기를 넣고 끓이게 되므로 건더기의 재료에 따라 뭇국, 콩나물국, 북엇국, 동태국 등 여러 이름이 붙게 된다. 국은 반상용, 제사용(조개탕), 해장용(콩나물국), 약용, 상사용(연포국)으로 이용되었다.

파는 백합과(Liliacea)에 속하는 다년생 초본으로 시베리아 남서부가 원산지이며 내한성 및 내서성이 강한 중국에서는 약 2000년경부터 재배되어 왔으며 16세기에 이르러 유럽에 소개되었다. 우리나라는 중국을 거쳐 고려 이전에 들어온 것 같다. 파는 우리 식생활에 깊게 뿌리 박혀 있을 뿐만 아니라 그 영양가치에 있어서도 높이 평가되어 전국 각지에서 재배되고 있다. 파는 특유의 자극적인 냄새와 매운맛을 갖고 있는데 이는 휘발성 황함유물질 때문이다. 이들 물질은 열에 의하여 분해되기 쉽고 이를 생식하면 자극제로 작용하여 소화액의 분비를 촉진시키고 진정제나 발한작용도 한다. 또 조리할 때 다른 식품의 좋지 않은 냄새를 없앨 뿐만 아니라 가열에 의해 자극성이 없어지고 단맛으로 변화되어 맛을 조화시킨다. 즉 가열에 의해 감미가 증가하는 것은 자극적인 매운맛 성분의 prophenyldisul-fide류에서 propylmercaptan(설탕의 50배)가 생기기 때문이다. 그리고 살균, 살충효과도 있다.

파의 성분 중 allin은 allinase에 의해서 allicine, alyl thiosulfonate, allyl disulfide 등으로 분해된다. alicine은 체내에 흡수되어 비타민 B1의 흡수를 높여준다. 파의 녹색 부분에는 비타민 A가 많고 비타민 B1, C도 들어 있는데 백색 부분에는 비교적 적게 들어 있다.

# 청파탕

❶ 소고기는 핏물을 제거한다.
❷ 소고기는 납작하게 썰어 청장, 마늘, 후추로 양념하여 끓는 물에 넣은 후 청장으로 간을 한다.

❸ 육수에 실파를 4cm로 썰어 넣고 익으면 달걀 푼 것으로 줄알을 친다.
❹ 달걀이 올라오면 불을 끄고 참기름, 후추를 넣는다.

재　　료 … 닭 1/2마리, 소고기 50g, 도라지 50g, 미나리 50g, 달걀 2개, 밀가루 약간,
표고버섯 2개, 파·마늘·생강 약간

『조선요리법』　　조미한 닭고기, 소고기, 표고, 도라지, 미나리를 밀가루와 달걀 푼 것에 넣고 개어서 끓는 맑은장국에 똑똑 떠 넣어 끓인 탕

닭국물에 도라지, 미나리, 버섯 등의 재료를 넣어 담백한 맛이 나게 끓인 탕으로 밀가루를 약간 묻히고 달걀을 넣어 국건지가 덩어리지게 만든다. 밀가루가 들어가 약간 걸쭉한 감이 들지만 부드럽고 시원한 맛으로 주안상에 어울린다.

닭가슴살은 백근으로 지방이 적고 맛이 담백하고 지육은 적근으로 가용성 고형분이 많아 맛이 좋다. 섬유는 아주 섬세하고 부드럽다. 지방은 피하의 복강에 많고 근육, 간에는 적다. Broiler는 식육용의 어린 닭으로 생체 중 1.8kg 이하로 14주 미만의 것을 말하고, 지육률은 62%이며 기름에 구우면 50~55%로 감소된다. 닭고기는 신선육, 튀김용 등으로 쓰이지만 최근에는 소시지용으로 많이 이

용된다. 닭고기는 섬유가 가늘고 연한 것이 특징이다. 그리고 소고기처럼 지방이 근육 속에 섞여 있지 않기 때문에 맛이 담백하고 소화흡수가 잘 되는 고기이다. 단백질이 소고기보다 많고 methionine을 비롯한 필수아미노산이 많이 함유되어 있다.

도라지는 우리 민족이 가장 애용하는 산나물 중 하나로 예로부터 제사에 쓰였던 삼색나물 중 하나이다. 도라지는 주로 뿌리만 먹는 것으로 알려져 있지만 어린잎과 줄기를 데쳐서 무치거나 튀겨 먹기도 한다. 도라지를 소금에 주물러 씻은 후 나물로 무치기도 하지만 팔팔 끓는 물에 잠깐 담갔다 건져 기름에 볶아 소금으로 간을 맞춘 것이 빛깔도 희고 맛도 좋다. 요리로는 화양적, 도라지전야, 도라지자반, 도라지정과, 도라지술 등이 있다. 그 밖에 어린잎은 나물로 쓰이고, 줄기와 뿌리는 된장이나 고추장 속에 넣어 장아찌로 이용하기도 한다.

# 초교탕

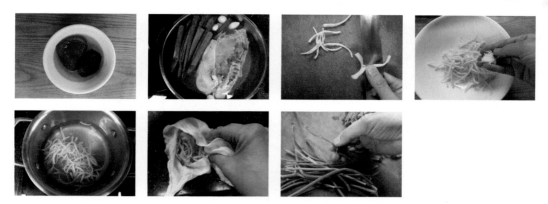

① 소고기는 핏물을 제거한다.
② 닭은 깨끗이 씻는다.
③ 미나리는 다듬는다.
④ 도라지는 껍질을 제거하고 깨끗이 씻은 후 잘게 찢어 소금으로 주무른 후 데쳐서 물기를 제거한다.
⑤ 닭에 파, 마늘, 생강을 넣고 푹 삶아 육수를 만든다.
⑥ 육수는 청장으로 간을 한다.

⑦ 닭살은 잘게 찢고, 소고기는 다지고 표고버섯은 채썬다.
⑧ 미나리는 데친 후 3cm로 자른다.

⑨ 파, 마늘, 청장, 참기름, 후추, 생강으로 닭살과 소고기를 양념하고 이 양념에 미나리, 표고, 도라지를 무쳐서 고기와 합친다.
⑩ 9에 밀가루 2큰술, 달걀 1개 푼 것을 넣고 무친다.
⑪ 육수가 끓으면 한 수저씩 넣고 거품을 제거하면서 끓인다.
⑫ 청장으로 간을 한다.

**재    료** … 영계 1마리, 대파 10g, 불린 찹쌀 1/2컵, 인삼 1개, 깐 마늘 3개, 밤 1개,
건대추 2개, 양파, 생강

한여름 더위에는 몸안의 단백질과 비타민 C의 소모가 많아지므로 흡수가 잘 되는 양질의 단백질을 지닌 닭을 여러 가지 약재와 함께 먹는 선조들의 슬기가 담긴 음식이 삼계탕이다.

닭은 오장에 좋지만 특히 간에 좋아서 부족한 양기를 보충하는 효과가 있다.

삼계탕에는 황기, 녹각, 인삼 등을 사용하며, 닭의 몸통 안에는 불린 찹쌀, 마늘, 은행을 넣고 입구를 막는다.

닭고기는 2시간 정도 끓이는데 한 마리씩 끓이는 것보다 같이 끓이는 게 더욱 맛있다.

닭 안에 찹쌀, 인삼, 마늘, 대추 등을 채운 후 고압으로 가열하여 제조하는 삼계탕은 한국의 대표적인 전통 보양식품으로(Lee JH 등, 2014) 특히 중국, 대만, 홍콩, 일본, 태국, 싱가포르 등 동남아시아 지역에서 인기가 많은 식품이나 조리시간이 길고 조리공정이 번거로워 현대 가정에서 삼계탕의 조리 및 섭취가 용이하지는 않다(Chun JY 등, 2013; Seo SH 등, 2014). 하지만 삼계탕은 외국인을 상대로 한 한식메뉴 선호도조사 중에서 높은 평가를 받아오고 있고(김재수, 2006) 특히, 중화권 외국인을 대상으로 한 한국음식에 대한 기호도와 인지도 조사에서 삼계탕은 불고기와 더불어 가장 좋아하는 음식으로 나타났다(장문정 · 조미숙, 2000).

# 삼계탕

❶ 닭은 깨끗이 씻어 내장을 씻어내고 닭날개끝과 여분의 지방, 닭꽁지를 잘라낸다.
❷ 찹쌀은 씻어 물에 불려놓는다.
❸ 물에 양파, 대파, 생강을 넣고 끓여 육수를 만든다.
❹ 인삼, 밤, 대추, 마늘을 다듬어 준비한다.

❺ 닭 안에 불린 찹쌀, 인삼, 마늘, 대추, 밤을 넣고 다리 한쪽에 칼집을 넣어 닭다리를 고정시킨다.
❻ 육수에 닭을 넣고 거품을 제거하면서 충분히 끓여준다.

*Tip*

· 닭다리는 실로 고정시켜도 좋다.

· 통녹두를 넣어주면 닭의 잡냄새를 제거하면서 색다른 맛을 즐길 수 있다.

재　　료 … 닭 1/2마리, 마늘 4쪽, 대파 1대, 생강 10g, 양파 1/4개

닭곰탕은 닭을 익힌 후 살만 발라내고 다시 닭육수에 끓인 음식이다.

삼계탕과 비슷하나 닭곰탕에는 뼈가 없고 여기에 밥을 말아 먹기도 한다.

닭고기는 쇠고기나 돼지고기에 비해 지방이 적고 소화도 잘 되는 단백질 식품이지만 우리나라에서는 조리법이 다양하지 않다.

옛 음식책에 닭으로 만든 음식이 대체로 많이 실렸는데 닭찜, 닭적, 탕 등이 많이 나온다. 『해동죽지』에 나오는 '도리탕(桃李湯)'은 평양 성내의 명물로 닭을 반으로 갈라 향신료를 넣고 반나절 동안 삶아 익힌 닭곰국이다.

# 닭곰탕

① 닭은 찬물에 깨끗이 씻고 내장부분의 잔여물 등을 제거한다.
② 큰 냄비에 닭, 양파, 대파, 마늘, 생강을 넣고 물을 닭이 잠길 정도로 넣어 40분 이상 충분히 끓인다.

③ 닭은 살만 건져서 가늘게 찢어 닭살은 소금, 다진 마늘, 후춧가루로 밑간한다.
④ 육수는 닭뼈와 함께 10분 정도 더 끓인 후 면포에 걸러 육수만 준비한다.
⑤ 매운 소스를 만든다.

**매운 소스** ··· 청장 1/2큰술, 닭육수 2큰술, 다진 마늘 1/2큰술, 고춧가루 2큰술, 후춧가루

⑥ 그릇에 양념한 닭고기를 담고 뜨거운 육수를 부어준다.
⑦ 잘게 썬 실파를 얹어주고, 매운 소스를 곁들인다.

**재　　료** … 소고기(장국용) 50g, 마른미역 25g, 참기름 1큰술, 다진 마늘, 청장

우리나라에서는 아기를 낳은 산모는 거의 한 달 이상 미역국을 먹으며 산후 조리를 한다.

미역에는 특히 칼슘과 요오드가 많이 함유되어 있다. 칼슘은 골격과 치아 형성의 필요성분이므로 신진대사가 왕성한 임산부에게는 더없이 좋은 식품이다. 그리고 삼신상이나 백일, 돌, 생일날에는 반드시 차리는 음식이며, 우리의 식생활 풍습으로 오래전부터 전해 오는 친근한 음식 중의 하나이다.

쇠고기를 잘게 썰어 미역과 한데 볶아 끓이기도 하나 미리 양지머리나 사골 등을 고아서 만든 국물에 미역을 넣어 끓이는 방법도 있다. 육류를 전혀 넣지 않고 소미역국을 끓이거나 마른 홍합을 넣어 한데 끓이기도 하는데 맛이 육류와 달리 담백하고 시원하다.

# 미역국

❶ 장국용 소고기는 납작납작하게 썰어서 소금 1/2작은술, 다진 마늘, 참기름을 넣고 양념한다.
❷ 마른미역은 물에 재빨리 씻은 뒤 물을 부어 1~2시간 불린 후 물기를 짜고 한입 크기로 썬다.

❸ 냄비에 양념한 고기를 넣어 볶다가 색이 변하면 미역과 다진 마늘을 넣어 볶는다.
❹ 물을 넣고 끓어오르면 불을 줄여서 맛이 어우러질 때까지 끓이다가 청장으로 간을 한다.

**재　　료** ⋯ 소고기(양지) 100g, 무 200g, 참기름 1큰술, 파, 마늘, 청장, 후춧가루

뭇국은 어느 집에서나 손쉽게 끓일 수 있는 국으로 국물맛
이 달착지근하다.
많이 할 때는 양지나 사태 덩어리 고기와 무를 통째로 큰
솥에 넣고 무를 때까지 끓인 후 건져서 납작납작하게 썰어
넣는다. 청장으로 간을 맞추고 다시마를 넣어 끓이면 국물

이 맑아진다.
조금만 끓일 때는 고기와 무를 썰어서 끓이는데 궁중에서
는 이처럼 만든 국을 '무황볶기탕'이라 하였다. 무는 나박
나박 썰고 고기도 잘게 썰어서 양념하여 한데 볶다가 물을
부어 끓인다.

# 소고기뭇국

❶ 장국용 소고기는 납작납작하게 썰어서 청장, 다진 마늘, 다진 파, 참기름, 후춧가루를 넣고 양념한다.
❷ 무는 2.5×2.5×0.2cm로 썰어둔다.
❸ 냄비에 양념한 고기를 넣어 볶다가 색이 변하면 물을 넣고 고기가 부드러워질 때까지 끓여준다.

❹ 무를 넣고 끓어오르면 불을 줄여서 맛이 어우러질 때까지 끓이다가 청장으로 간을 한다.
❺ 다진 마늘을 넣어주고 무가 익으면 얇게 썬 파를 넣고 불을 끈다.

재　　료 … 배추속대 300g, 무 60g, 쇠고기(양지) 80g, 쌀뜨물 7컵, 된장 3큰술,
고추장 1큰술, 파, 마늘, 청장, 소금

속이 찬 통배추인 조선배추는 17세기 이후 중국에서 들어
온 종자를 개성, 서울 등지에서 재배하면서 조선배추 종자
를 이루게 되었다. 통이 찬 것을 '결구배추'라 하고 그 이전
의 통이 차지 않은 것을 '비결구배추'라고 한다.
얼갈이배추나 솎음배추는 국이나 찌개거리로 삼으며 장아
찌, 나물, 겉절이 등을 한다. 넓은 잎은 데쳐서 쌈으로 먹
고, 절였다가 전을 지지기도 하며, 잎 사이사이에 양념한
고기를 채워서 배추찜도 만든다.

예전에는 된장국을 토장국이라고 했는데, 물에 된장을 풀
고 철마다 나는 푸성귀를 넣어 끓이는 가장 보편적인 서민
의 국이다. 된장국의 건지로 여름철에는 솎음배추나 근대,
시금치 등을 넣고, 가을철에는 배추속대나 아욱이 제맛이
난다.

# 배추속대국

① 배추는 연한 속대만 골라서 물에 씻은 후 칼로 길쭉길쭉하게 가른 후 끓는 물에 살짝 데친다.
② 무는 나박나박 썰어준다.
③ 소고기는 얇게 저며 썰어서 소고기 양념한다.

**고기양념** … 소금 1작은술, 참기름 1작은술, 다진 파 2작은술, 다진 마늘 1작은술, 후춧가루 약간

④ 냄비에 소고기를 볶다가 익으면 쌀뜨물을 붓고 된장과 고추장을 망에 걸러 풀어 넣고 끓인다.
⑤ 무를 넣고 장국이 충분히 맛이 들면 데친 배추와 다진 마늘을 넣고 끓여준다.
⑥ 파를 넣고 살짝 더 끓여준다. 간이 부족하면 청장이나 소금으로 간을 맞춘다.

# 찌개 · 전골 · 볶음

## 제6장 찌개·전골·볶음

## 1. 찌개

　국이나 찌개는 밥상차림에서 필수음식의 하나이다. 국이나 찌개요리는 갱(羹)에 같은 뿌리를 둔 것이며 식품이 다양해지고 장류가 분화하면서 국과 찌개로 분화, 발달한 것으로 생각한다. 찌개는 조치, 지짐이, 감정이라고도 하는데, 모두 건지가 국보다는 많고 간은 센 편으로, 밥에 따르는 찬품이다. 조치란 궁중에서 찌개를 일컫는 말이고, 감정은 고추장으로 조미한 찌개이다. 지짐이는 국물이 찌개보다 적은 편이나 뚜렷한 특징은 없다.

　『시의전서』에는 재료에 따라 골조치, 처녑조치, 생선조치 등을 들어서 설명하였고, 조미료에 따라 간장에 한 것을 맑은 조치, 고추장이나 된장에 쌀뜨물로 하는 것을 토장조치라 하고, 젓국조치도 맑은 조치라 하고 있다.

　찌개가 오늘날 우리나라 조리에서 차지하는 비중이 매우 크지만 조선시대의 조리서에 찌개니 조치니 하는 말이 보이지 않다가 『시의전서』에 비로소 등장하니 이러한 조리명이 이 무렵에야 국에서 분화되어 나온 것이 아닌가 생각한다.

　궁중이나 상류층의 조치는 맑은 조치이겠지만 서민의 조치는 토장찌개이다. 이것은 뚝배기에 된장을 물에 갠 뒤 조리로 걸러 물을 조금 붓고 그 속에 다진 소고기와 채썬 표고버섯을 같은 분량만큼 넣고 참기름, 다진 파, 마늘, 생강으로 양념하여 너무 짜지 않게 뜨물을 풀어서 끓인 것이다. 궁중에서는 밥솥에 찐다.

　빈가(貧家)에서는 건더기를 조금 넣고 된장을 진하게 넣어 끓이니 이것을 강된장찌개라 한다. 그리고 조치는 뚝배기에 끓이는데 이것은 끓는 것을 불에서 내려도 쉽게 식지 않는 특징이 있다. 찌개는 조미재료에 따라 된장찌개, 고추장찌개, 새우젓찌개로 나눈다.

## 2. 전골

전골은 여러 재료를 전골냄비에 색을 맞추어 담고 육수를 부어 즉석에서 끓이는 음식이다. 전골은 처음에는 구이전골이었으나 후세에는 냄비전골이나 혼합형으로 바뀌었다.

구이전골은 『경도잡지』에 "남비 이름에 전립투(氈笠套)라는 것이 있다. 벙거지 모양에서 이런 이름이 생긴 것이다. 채소는 그 가운데 움푹하게 들어간 부분에다 넣어서 데치고 변두리의 편편한 곳에서 고기를 굽는다. 술안주나 반찬에도 좋다"고 하였다.

『만국사물기원역사(萬國事物起源歷史)』에 "전골은 그 기원을 잘 모르기는 하나 상고시대에 진중 군사들은 머리에 쓰는 전립(氈笠 : 벙거지)을 철로 만들어 썼기 때문에 진중에서는 기구도 변변치 못하였던 까닭에 자기들이 썼던 철관(鐵冠)을 벗어 고기와 생선들을 끓여 먹을 때 무엇이든지 넣어 끓여 먹는 것이 한 습관이 되어 여염집에서도 냄비를 전립모양으로 만들어 고기나 채소 등 여러 가지를 끓여 먹는 것을 전골이라 하였다"고 하였다.

전골은 여러 가지 재료를 날로 쓰거나 국물이 탁해질 재료나 익히는 데 시간이 걸리는 것은 미리 익혀서 여러 가지 재료를 전골냄비에 색을 맞추어 담고 간을 한 육수를 넣고 끓여 먹는 즉석냄비요리이고 전골을 보다 호화롭게 만든 것이 열구자탕(悅口子湯)인 신선로(神仙爐)이다.


## 3. 볶음

고기, 채소, 건어, 해조류 등을 손질하여 썰어서 기름에 볶은 요리의 총칭.

볶음요리는 대체로 200℃ 이상의 고온에서 재료를 볶아야 물기가 흐르지 않으며, 기름에만 볶는 것과 볶다가 간장, 설탕 등으로 조미하는 것 등이 있다.

『음식디미방』에는 양 볶는 법(양숙)이, 『규합총서』에는 장볶이가, 『시의전서』에는 고추장볶기가 설명되어 있다. 『음식디미방』의 양 볶는 법(맛질방문)은 "솥뚜껑을 불에 놓고 오래 달궈서 기름을 둘러 양을 넣고 급히 볶아 그릇에 퍼내면 맛있다"고 하였다. 『시의전서』의 고추장볶기는 "고추장을 새옹이나 남비에 담아 물을 조금 치고 만화로 볶는데 파, 생강, 고기를 다져 넣고 꿀, 기름을 많이 넣고 볶아야 맛이 좋고 윤이 난다"고 하였다.

볶음은 많은 재료를 배합하는 경우가 드물고 주재료가 뚜렷하므로 주재료에 따라 양볶이, 천엽볶이 등의 이름이 붙는다. 볶음은 오래 익히지 않으므로 고기를 가늘게 또는 얇게 썰어서 기름을 치고 약간 높은 온도에서 국물 없이 불에 익히는 것이다.

　볶음에는 양볶음, 콩팥볶음, 천엽(처녑)볶음, 살코기볶음, 장볶음, 고추장볶음, 닭볶음, 고추볶음, 멸치볶음, 새우볶음 등이 있다.

**재　　료** … 게 2마리, 소고기 50g, 두부 30g, 숙주 50g, 무 80g, 고추장 2큰술,
된장 1/2큰술, 대파 1대, 마늘 3쪽, 생강 5g

『세계요리백과사전』 　싱싱한 꽃게에 호박이나 풋고추 등을 넣
고 고추장간으로 끓인 찌개

꽃게는 그대로 쪄서 먹거나 끓는 물에 삶아서 살을 발라 먹
는 것이 가장 맛있다. 죽었거나 냉동된 것은 고추장이나 된장
을 풀고 무나 채소를 넣어 찌개를 끓이는 것이 낫다. 또 게살
을 발라 전유어를 부쳐 먹기도 한다. 옛날 양반집이나 궁중에
서는 정성이 많이 들어가는 게감정을 끓여 먹었는데, 껍질을

떼고 게살을 일일이 발라서 두부, 숙주를 넣고 등딱지에 가
득 채운 다음 채운 면에 밀가루와 달걀을 씌워서 잠깐 지져낸
다. 소고기장국에 게발을 미리 넣고 끓이다가 된장과 고추장
을 풀어서 맛이 들면 지진 게를 넣고 잠시 더 끓여서 퍼 담는
다. 게를 토막내어 그대로 끓이면 발라 먹기가 어렵고 상이
어지러우므로 게살을 다 발라 껍질 안에 소를 만들어 채워 먹
을 때 편하도록 끓인 찌개이다.

# 꽃게감정

   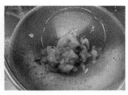

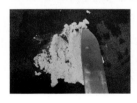

❶ 게는 뚜껑이 상하지 않게 깨끗이 손질하여 게 몸통을 4등분한 후 눌러가며 살을 발라내고 다리는 뚝뚝 끊는다.
❷ 소고기는 다지고 두부는 물기를 제거한 후 으깬다.
❸ 숙주는 데쳐서 송송 썬 후 물기를 짜고 무는 사방 3cm로 썬다.
❹ 냄비에 물을 붓고 게다리와 게살을 발라낸 게 자투리를 넣어 술과 저민 생강을 함께 끓여 국물이 우러나면 체에 걸러서 육수를 낸다.

  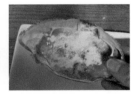 

  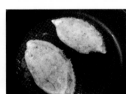

❺ 게살은 소고기, 으깬 두부, 숙주와 함께 게살양념장으로 양념하여 소를 만든다.
❻ 게딱지는 양쪽의 뾰족한 끝을 가위로 자른 후 안쪽의 물기를 제거하고 참기름을 살짝 바른 후 밀가루를 넣어 털어낸다.
❼ 게딱지 안에 소를 편편하게 넣고 소 위에 밀가루, 달걀을 입힌 후 기름 두른 팬에 지져낸다.

게살양념장 … 소금 1작은술, 다진 파, 다진 마늘, 깨, 참기름, 후춧가루, 생강즙 1/2작은술

제6장 •찌개 · 전골 · 볶음

❽ 고추장과 된장을 넣고 끓은 육수에 무를 넣어 반쯤 익으면 지져낸 게를 넣어 마저 익힌 후 다진 마늘, 다진 생강을 넣어 끓인다.
❾ 완성되면 파를 넣고 살짝 끓여준다.
❿ 지져낸 게가 흐트러지지 않도록 조심해서 국물과 함께 담아낸다.

재    료 … 명란젓 100g, 소고기(양지) 50g, 쪽파 30g, 새우젓 1작은술, 두부 100g,
무 100g, 대파 1토막, 마늘 2쪽

『한국음식-역사와 조리』 쇠고기에 참기름, 깨소금, 다진 새우젓,
다진 마늘을 넣고 무쳐서 살짝 익히다가 맑은 물과 명란젓을 같이
넣고 움파도 넣어 끓임

명란젓과 두부, 무, 파 등을 한데 넣어 새우젓국으로 간을 맞
춘 담백한 맛의 찌개로 특히 겨울철에 맛있는 찌개이다. 끓일
때 가만가만 끓이도록 하고 젓지 않아야 국물이 깨끗하다.

# 명란젓찌개

   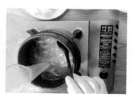

❶ 소고기는 납작썰기하여 청장, 다진 파, 다진 마늘, 참기름, 후춧가루로 양념하여 냄비에 볶다가 물을 붓고 끓인다.
❷ 명란은 3cm 정도로 자른다.
❸ 무와 두부는 사방 3cm 크기로 납작썰고, 쪽파는 4cm 길이로 썬다.

❹ 장국이 끓으면 무를 넣고, 무가 반쯤 익으면 명란, 두부, 쪽파 순으로 넣고 끓인다.
❺ 다진 새우젓국과 소금으로 간을 맞춘다.
❻ 완성되면 불을 끄고 참기름을 두세 방울 넣는다.
❼ 명란이 흐트러지지 않고 모든 재료가 한눈에 보이도록 국물과 함께 담는다.

**재 료** … 오이 1개, 소고기 100g, 풋고추 4개, 홍고추 1개, 대파 1대, 마늘 3쪽, 된장 1작은술, 고추장 1큰술

『한국요리백과사전』 　고추장과 된장을 푼 것에 양념한 쇠고 기, 오이, 풋고추를 넣고 푹 끓인 것

오이는 가늘고 연하지 않아도 되며, 굵고 씨가 있어도 된다. 고추장 맛과 오이가 의외로 어울리는 시원한 찌개이다.

# 오이감정

❶ 고기는 납작썰기하여 청장, 다진 마늘, 참기름, 후춧가루로 양념한 후 냄비에 볶다가 물을 부어 끓인다.
❷ 오이는 소금으로 문질러 깨끗이 씻어 길이로 이등분한 뒤 삼각지게 비스듬히 썬다.
❸ 고추는 어슷썰어 씨와 속을 털어내고, 파도 어슷썰기한다.
❹ 장국이 충분히 끓으면 고추장과 된장을 풀어준다.

❺ 고추장과 된장을 푼 장국이 끓으면 오이를 넣어 끓인다.

❻ 오이가 익으면 고추, 파, 다진 마늘을 넣고 잠깐 끓여낸다.
❼ 찌개 그릇에 국물과 함께 담아낸다.

재　　료 … 애호박 1/2개, 쇠고기 50g, 두부 1/3모, 실파 1뿌리, 홍고추 1/2개,
물 1½컵, 새우젓 1큰술

요즘은 찌개라고 하면 대개 된장이나 고추장을 풀어 끓인 찌
개를 떠올리지만 예전에 서울이나 중부지방에서는 매운맛을
좋아하지 않아 젓국이나 소금으로 간을 한 맑은 찌개를 즐겨
해 먹었다.
맑은 찌개의 간은 소금이 기본이지만 동물성 단백질이 삭은
젓국이 더욱 감칠맛을 낸다.

맑은 찌개에 쓰는 재료는 무, 호박, 두부 등이고, 조개나 굴
도 어울린다. 젓국찌개를 끓일 때는 먼저 물에 새우젓이나 소
금으로 간을 맞추고 끓이다가 재료를 넣어야 맛이 고루 든다.
애호박젓국찌개에는 쇠고기 대신 조갯살이나 굴을 넣고 끓여
도 맛있다. 너무 오래 끓이면 호박이 물러진다.

# 애호박젓국찌개

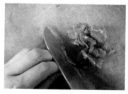   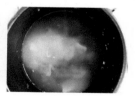

❶ 소고기는 기름 없는 부위로 잘게 썰어서 고기양념한 후 냄비에 볶다가 물을 부어 장국을 끓인다.

**고기양념** ··· 청장 1작은술, 다진 파, 다진 마늘, 참기름 1작은술, 후춧가루 약간

❷ 호박은 1cm 두께의 반달형으로 썬다.
❸ 홍고추는 씨를 제거한 후 채썰고 실파는 4cm 길이로 썬다.
❹ 두부는 1cm 정도의 두께의 한입 크기로 썬다.

❺ 장국이 맛이 들면 새우젓을 다져 넣어 간을 맞춘 후 두부, 호박, 고추 순서로 넣어 끓인다.
❻ 끓이는 중간에 거품을 제거한다.
❼ 찌개가 완성되면 실파를 넣고 섞은 후 바로 불을 끈다.

재　　료 … 도미 1마리, 소고기(사태) 200g, 다진 소고기 150g, 달걀 5개,
두부 50g, 석이버섯 5장, 표고버섯 3개, 홍고추 1개, 당면 30g,
호두 3개, 잣 1작은술, 밀가루 적량, 목이버섯 10g, 쑥갓 적량

신선한 도미의 살을 전유어로 부쳐서 삶은 고기와 채소를 어울려 담고 끓는 장국에 당면을 넣어 먹게 하므로 도미면이라 한다. 호화로운 궁중의 전골이며 승기악탕이라 하는데 춤과 노래보다 낫다는 뜻이다.

1877년 『진찬의궤』 속에 승지아탕이란 말이 자주 나온다. 『규합총서』의 승기악탕(勝妓樂湯)은 "살찐 묵은 닭의 두 발을 잘라 없애고 내장을 꺼내버린 뒤 그 속에 술 한 잔, 기름 한 잔, 좋은 초 한 잔을 쳐서 대꼬챙이로 찔러 박오가리, 표고버섯,

파, 돼지고기 기름기를 썰어 많이 넣고 수란을 까 넣어 금중탕(禁中湯) 만들 듯하니 이것이 왜관음식으로 기생이나 음악보다 낫다는 뜻이다"고 하였다. 닭고기를 싸서 만든 탕을 두고 말한 것으로 일본에서 온 것이라 하였다. 한편 홍성표의 『조선요리학』에서는 "성종 때 허종이 의주에 가서 오랑캐의 침입을 막으니 그 주민들이 감읍하여 도미에 갖은 고명을 다하여 정성껏 맛있도록 만들어 바쳤다. 허종은 승기악탕이라 명명하였다"고 한다.

# 도미면

  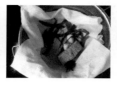  

❶ 육수용 소고기는 찬물에 담가 핏물을 제거하고 덩어리째 냄비에 파, 마늘과 같이 삶은 후 고기와 육수를 분리하고 육수는
　면포로 걸러 청장으로 간한다.
❷ 육수를 낸 고기는 납작납작 썰어준다.

❸ 일부 쇠고기는 굵은 채로 썰고, 다진 쇠고기는 으깬 두부와 함께 소금으로 양념하여 1.5cm 크기의 완자를 만든다.
❹ 도미는 비늘과 내장을 제거하고 머리와 꼬리는 남긴 채 세 장 포 뜨기한 후 적당한 크기로 잘라 소금, 후춧가루를 뿌려두고,
　뼈는 머리와 꼬리를 호일로 감싼 뒤 석쇠에 구워준다.
❺ 달걀은 황 · 백지단을 부치고, 석이버섯은 불린 후 이끼를 제거하여 곱게 다져 달걀흰자에 섞어 검은색 지단을 부친다.
❻ 미나리는 초대를 만들고, 생선살은 물기를 제거한 후 밀가루와 달걀을 입혀 전유어로 지진다.
❼ 고기완자도 밀가루, 달걀을 입혀 기름 두른 팬에 지져주고 호두는 불려서 속껍질을 제거하고 잣도 고깔을 떼어둔다.
❽ 채소와 표고버섯, 지단은 2.5×4cm로 썰어둔다.
❾ 납작 썬 고기, 생고기, 표고버섯, 목이버섯 불린 것은 고기양념을 한다.

**고기양념** … 청장 1큰술, 다진 파 · 다진 마늘 · 참기름 · 후춧가루 적량
**완자양념** … 소금 1작은술, 다진 파 · 다진 마늘 · 참기름 · 후춧가루 적량

❿ 전골냄비에 삶아서 양념한 고기와 양념한 생고기를 담고 도미
　는 감쌌던 호일을 제거한 뒤 머리가 왼쪽으로 오도록 원래의
　모양대로 담는다.
⓫ 도미뼈 위로 생선전을 도미 모양에 맞추어 담는다.

⓬ 도미 위쪽으로 각종 지단과 완자, 버섯, 홍고추 등을 색스럽게
　돌려 담고 반대쪽에 불린 당면과 쑥갓, 불린 목이버섯을 담는다.
⓭ 청장으로 간한 육수를 부어 끓인다.
⓮ 호두와 잣을 올린다.

재　　료 ⋯ 두부 200g, 소고기(살코기) 30g, 소고기(사태) 20g, 무 60g, 숙주 50g, 당근 60g, 건표고 2개, 실파 2뿌리, 달걀 2개, 대파 1토막, 마늘 2쪽, 미나리 30g

『한국음식』　두부 사이에 양념한 고기를 끼워 기름에 부치고 미나리초대, 파 등을 옆옆이 담아 끓인 전골

『시의전서』　냄비 밑에 양념한 쇠고기를 깔고 무친 각색나물과 달걀을 씌워 부친 두부를 색 맞추어 담고 고명을 뿌린 위에 다히 양념한 고기를 담아 물을 붓고 간을 맞추어 끓임

두부를 주재료로 끓인 전골
두부를 기름에 지져서 양념한 고기를 두부 사이에 채워서 채소들과 함께 끓인 부드러운 맛의 전골이다.
우리나라에서 두부에 관한 내력은 『목은집(牧隱集)』에 처음으

로 나온다. 두부를 우리나라에서는 포(泡)라고 한다. 그 유래를 『아언각비』의 설명을 통해 보면 "두부의 이름은 본디 백아순(白雅馴)인데 우리나라 사람들은 방언이라고 생각하여 따로 이름하여 포(泡)라 하였다. 두부는 절간음식으로 발달한 것 같다. 山陵을 모시면서 반드시 그 곁에는 두부 만드는 절인 조포사(造泡寺)를 두어 제수를 준비하게 하였고, 소문난 두부는 造泡寺였던 도사(度寺)두부, 태선사(泰先寺) 두부처럼 절이름이 붙어 내려왔던 것으로 알 수 있다. 또 새끼로 묶어 들고 다닐 만큼 단단한 막두부, 처녀의 고운 손 아니면 문드러진다는 연두부, 沸湯에서 막 건져낸 순두부, 삼베로 굳히는 베두부, 명주로 굳히는 비단두부 등 두부의 종류는 다채롭다.

# 두부전골

❶ 육수용 소고기는 찬물에 담가 핏물을 제거하고 덩어리째 냄비에 파, 마늘과 함께 삶은 후 고기와 육수를 분리하고 육수는 면포로 걸러 청장으로 간을 한다.

❷ 두부는 3×4cm 직사각형으로 잘라 소금을 뿌려두었다가 물기를 제거하고 기름 두른 팬에 앞뒤로 노릇하게 지진다.

❸ 소고기는 다져서 양념한다.

❹ 무, 당근은 5×1.2×0.5cm로 썰어 데치고, 실파와 표고버섯도 같은 크기로 썬다.

❺ 두부 사이에 양념한 소고기를 편편하게 넣고 데친 미나리로 묶어준다.

❻ 채썬 소고기와 편육은 청장, 다진 마늘, 후춧가루, 참기름으로 양념하여 전골냄비에 담아준다.

❼ 전골냄비에 숙주, 표고버섯, 실파, 무, 당근, 지단을 색스럽게 돌려 담고 가운데에 두부를 올린다.

❽ 준비한 육수를 부어 끓인다.

다진 고기양념 … 소금 1/2작은술, 다진 파 · 다진 마늘 · 참기름 · 깨 · 후춧가루 적량

재　　료 … 소고기(살코기) 70g, 소고기(사태) 30g, 건표고 3장, 무 60g, 숙주 50g, 당근 40g, 양파 1/4개, 실파 40g, 잣 10알, 대파 1토막, 마늘 2쪽

『한국음식』 쇠고기를 주재료로 하여 두부와 표고버섯, 미나리를 곁들여 끓인 전골

전골은 고기와 갖은 재료를 전골냄비에 고루 담아서 맑은장국을 조금씩 붓고 끓이다가 재료가 거의 익었을 무렵 계란을 풀어서 줄알을 친다.

전골은 식사 중에 곁반에 따로 준비하여 화로에 전골틀을 올려놓고 바로 익히면서 내는 음식이다.

가을철에는 송이를 저며서 한데 넣거나 싱싱한 생선이 있으면 살만 발라서 소금으로 양념하여 한데 끓이면 된다.

우리 민족은 오래전부터 쇠고기를 우리 식생활에 이용하여 왔다. 우리 조상들이 소의 살코기 이외에도 뼈, 양, 곱창 등의 내장, 족, 꼬리, 선지 등 내장육과 피까지를 모두 먹을 수 있도록 요리솜씨가 발달된 것은 그만큼 쇠고기에 대한 선호도가 높다는 것을 의미한다.

일반적으로 식육류는 질이 높은 단백질과 지질 그리고 무기질 및 비타민의 양호한 급원체이다. 특히 육류의 단백질은 인간의 건강유지와 발육 및 성장, 그리고 효소, 호르몬, 항체의 생성 등에 필요한 필수아미노산을 많이 함유하고 있다.

# 쇠고기전골

  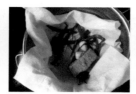 

❶ 육수용 소고기는 찬물에 담가 핏물을 제거하고 덩어리째 냄비에 파, 마늘과 같이 삶은 후 고기와 육수를 분리하고 육수는 면포로 걸러 청장으로 간을 한다.

  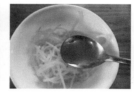 

❷ 숙주는 거두절미한 후 데쳐 참기름으로 양념한다.
❸ 무, 당근은 0.5×0.5×5cm로 썰어 데치고, 양파는 0.5cm 폭으로, 실파는 5cm 길이로 썬다.
❹ 소고기 살코기는 핏물을 제거하고 0.5×0.5×5cm로 썰어 고기양념하고 표고버섯은 채썬다.

**고기양념** … 진간장 1큰술, 설탕 1/2큰술, 다진 파 · 다진 마늘 · 참기름 · 깨 · 후춧가루 적량

❺ 전골냄비에 숙주, 양파, 실파, 무, 당근, 표고버섯을 색스럽게 돌려 담고 소고기 살코기는 가운데 담는다.
❻ 육수를 부어 끓이다가 잣을 올린다.

재　　료 … 무 200g, 소고기(사태) 150g, 소고기(살코기) 150g, 달걀 4개, 두부 50g, 석이버섯 5장, 표고버섯 3개, 홍고추 1개, 호두 3개, 미나리 3개, 잣 1작은술, 밀가루 적량, 당근 100g, 흰살생선 50g, 은행 12개

『한국음식-역사와 조리』 산해진미를 모두 차곡차곡 담은 후, 육수를 부어 끓이는 전골. 한 그릇으로 여러 가지 맛과 영양소가 함께 섭취될 수 있음. 신선로틀에 쇠고기를 가늘게 채썰어 양념하여 파와 함께 담고, 그 위에 간, 처녑, 생선, 알지단, 표고, 석이, 미나리초대, 당근 등을 전을 부쳐 신선로틀에 맞춰 썰어 돌려 담고, 호두, 은행, 잣, 쇠고기완자 등을 고명으로 얹고, 육수를 부어 즉석에서 끓여먹음

조선시대 말기에는 원래 음식명인 열구자탕(悅口子湯)으로 불렸는데, 이는 입을 즐겁게 하는 탕이라는 뜻이다. 궁중의 잔치기록에는 모두 열구자탕이라 적혀 있으며, 작은 글씨로 신선로(神仙爐) 또는 새로 만든 화로라는 뜻으로 신설로(新設爐)라는 그릇 이름이 따로 적혀 있다. 신선로는 가운데 화통이 붙어 있는 냄비를 이르는 말이고, 그 안에 담는 음식은 열구자탕 또는 구자(口子)라고 한다. 신선로는 각기 다른 이질요소와 불화요소를 화합시킬 필요가 있을 때, 그리고 관청에 신임자가 와서 신, 구 화합할 필요가 있을 때 공식적으로 화합을 다지는 정치음식이었다.

# 신선로

❶ 육수용 소고기는 찬물에 담가 핏물을 제거하고 덩어리째 냄비에 무, 당근과 같이 삶은 후 고기와 육수를 분리하고 육수는 면포로 걸러 청장으로 간한다.
❷ 당근과 무는 살캉하게 삶아지면 먼저 건져낸다.

❸ 육수 낸 고기와 무는 납작납작 썰어준다.
❹ 일부 쇠고기는 얇게 납작썰기를 하고, 다진 쇠고기는 으깬 두부와 함께 소금으로 양념하여 1.2cm 크기의 완자를 만든다.
❺ 달걀은 황·백지단을 부치고, 석이버섯은 불린 후 이끼를 제거하고 곱게 다져 달걀흰자에 섞어 검은색 지단을 부친다.
❻ 미나리는 초대를 만들고, 생선살은 소금, 후춧가루를 뿌렸다가 밀가루, 달걀을 입혀 전유어로 지진다.
❼ 고기완자도 밀가루, 달걀을 입혀 지져주고 호두는 불려서 속껍질을 제거하고 잣도 고깔을 떼어둔다.
❽ 당근을 포함하여 채소와 표고버섯, 지단 등은 폭을 2.5cm로 썰어둔다.(길이는 신선로틀에 맞춘다.)
❾ 육수 낸 고기, 생고기, 무는 고기양념을 한다.

**고기양념** … 청장, 다진 파·다진 마늘·소금·참기름·후춧가루 적량
**완자양념** … 소금 1작은술, 다진 파·다진 마늘·참기름·후춧가루 적량

❿ 신선로 1열에는 삶은 고기와 무를 담고, 그 위로 2열에는 생고기 양념한 것을 담아 윗면을 편편하게 만들어준다.
⓫ 3열은 신선로틀에 맞추어 썬 지단과 당근, 전 등을 색스럽게 돌려 담는다.
⓬ 고기완자를 돌려 담고 호두와 잣, 은행 등 견과류를 모양 있게 담는다.
⓭ 청장으로 간한 육수를 부어 끓인다(끓여가며 먹는 전골이므로 육수는 따로 여유 있게 준비해 둔다).

**재　　료** … 가래떡 200g, 미나리 30g, 숙주 30g, 당근 20g, 양파 1/4개,
　　　　　건표고버섯 2개, 쇠고기 간 것 40g, 계란 1개

『조선요리제법』　양념에 잰 쇠고기를 볶다가 흰떡 삶은 것과 볶
은 채소를 함께 버무려 볶은 것

# 궁중떡볶이

❶ 떡은 5~6cm 길이로 잘라 4~6등분 한 뒤 끓는 물에 데쳐서 유장으로 버무린다.

**유장** … 참기름 1큰술, 간장 1작은술

❷ 미나리는 다듬어 5cm 길이로 썰고 숙주는 거두절미하여 각각 데친 후 찬물에 헹구어 물기를 제거한다.
❸ 당근, 양파는 채썰어 볶는다.
❹ 불린 표고 채썬 것과 다진 소고기는 양념한다.

**고기양념장** … 간장 1/2큰술, 설탕 1작은술, 다진 마늘, 다진 파, 깨, 참기름, 후춧가루

❺ 팬에 기름을 조금 두르고 소고기를 볶는다.
❻ 소고기가 익으면 물을 1/4컵 정도 넣고 떡을 넣어 잘 섞어준 후 중불에서 끓인다.
❼ 국물이 자작해지면 볶은 채소를 넣고 잘 섞은 후 간장 1/2큰술, 설탕 1작은술, 참기름 1/2큰술, 깨 1작은술을 넣고 섞어준 후 불을 끈다.
❽ 계란지단을 고명으로 얹는다.

재        료 … 돼지고기(앞다리살 또는 삼겹살) 300g, 양파 1/2개, 당근 50g,
홍고추 1개, 파, 마늘, 생강, 고추장, 간장, 고춧가루, 설탕, 맛술, 물엿,
배, 참기름, 깨, 후춧가루

볶음요리는 대체로 200℃ 이상의 고온에서 재료를 볶아야 물기가 흐르지 않으며 기름에만 볶는 것과 볶다가 간장, 설탕 등으로 조림하는 것 등이 있다. 볶음요리는 냄비에 기름을 두르고 볶는 것으로 잘 저을 수 있도록 부피가 큰 재료는 알맞게 썰어야 한다.

『음식디미방』에는 양 볶는 법(양숙), 『규합총서』에 장볶이, 『시의전서』에 고추장볶기 등이 설명되어 있다. 제육볶음은 돼지불고기라고도 하며 고추장을 넣어 맵게 볶은 요리이다.

# 제육볶음

❶ 양파 1/4개, 배 1/6개, 마늘 3쪽, 생강 1쪽은 작게 잘라 맛술을 넣고 갈아준다.
❷ 얇게 썬 돼지고기에 1번 양념과 고기양념을 넣고 약 20분 정도 재워둔다.

**고기양념** ··· 간장 1큰술, 고춧가루 1큰술, 고추장 2큰술, 설탕 1큰술, 물엿 1큰술, 참기름, 깨, 후춧가루

❸ 양파와 당근은 한입 크기로 썰어준다.
❹ 파, 홍고추는 어슷썬다.
❺ 팬에 기름을 조금 두르고 양념한 돼지고기를 익혀준다.
❻ 고기가 익으면 채소를 넣고 볶아준다.
❼ 참기름, 깨소금을 넣어준다.

*Tip*

• 버섯이나 감자 등 기호에 따라 여러 가지 채소를 첨가할 수 있다.

• 채소는 너무 많이 볶지 않도록 한다.

# 찜·선

제**7**장 찜·선

# 1. 찜

찜은 불을 사용할 수 있게 된 선사시대 이래로 가장 일반적인 조리형태이다.

재료를 큼직하게 썰어 양념하여 물을 붓고 뭉근하게 끓여서 국물이 자작하도록 한 음식으로 찜의 주재료는 수·육류이고 부재료는 채소나 버섯으로 송이, 죽순, 두부, 배추, 양파, 가지, 풋고추, 콩나물 등이 이용된다.

찜은 7첩 이상의 반상, 주안상, 면상, 교자상에 올리는 음식으로 『대동야승』(1420)에 '증계(蒸鷄)'로 처음 기록되었고, 『음식디미방』에는 '닭찜, 개찜, 붕어찜, 해삼찜, 가지찜, 오이찜, 개장찜' 등이 기록되었다.

조선시대 궁중연회식 식단에는 찜요리가 많이 나왔는데, 그중에서 어패류의 찜은 붕어찜(1719), 숭어찜(1795), 전복찜(1795), 해삼찜(1827) 등이 있으며, 아귀찜은 「한국민속종합보고서」(1984)에 처음으로 기록되었다.

찜요리의 문헌은 1700년대에 기록된 것으로 미루어보아 1700년대 이전부터 육류 및 어패류의 찜이 많았으며 특히 다어획 어종을 이용한 어패류의 찜요리가 많았음을 알 수 있다.

부산, 경상남도는 다른 지역과는 달리 찜요리가 두드러져 그 종류가 많은 것이 특징이므로 부산 향토음식의 주종을 이루는 조리방법은 찜이라 할 수 있다.

## 2. 선

호박, 오이, 가지, 배추, 두부 등 식물성 식품을 재료로 하여 찜과 같이 만드는 요리이다.

찬물 중에 선이라고 부르는 음식이 있다. 황혜성 교수는 "찜과 같은 방법으로 하되 호박, 오이, 가지, 배추, 두부와 같이 그 재료를 식물성 식품으로 할 경우 선이라고 한다"고 하였다.

조자호 선생의 『조선요리법』에서는 청어선, 양선, 태극선, 오이선, 호박선 등을 들고 있으며, 『조선무쌍신식요리제법』에서는 "양선, 황과선, 달걀선(알편), 두부선은 소를 넣는 것이 아니다. 그렇다면 식물성 식품만 선의 재료가 될 수는 없다."고 하였다.

『음식디미방』에 외찜, 가지찜이 나오니 선과 찜은 다 같이 식물성 식품이므로 구분하기 어렵다. 1600년대 말엽의 『음식디미방』의 동과선은 소를 넣는 것도 아니고 찜의 개념도 없으며, 1800년대 말엽의 『시의전서』의 동아선도 "서리가 내린 후 동아를 둥글고 반듯하게 썰어서 기름을 쳐서 볶아 겨자를 곁들여 먹는다"고 하였으니 여기서도 소를 넣거나 찜의 개념이 없다. 그런데 『시의전서』의 남과선은 "애호박을 등 쪽에 에어서 푹 찌고 여기에 여러 양념을 소로서 넣고 그릇에 담아 위에 초장에 백청을 타서 붓고 고추, 석이, 달걀을 채 쳐 얹고 잣가루를 많이 뿌려 쓴다"고 하였고, 오이선, 가지선도 비슷하다. 여기서 비로소 현재의 선처럼 소를 넣게 되었다.

Memo

재　　료 … 흰떡 500g, 소고기(사태) 300g, 건표고 3장, 당근 200g, 달걀 1개, 무 300g, 소고기(우둔) 100g, 잣 1작은술

『조선요리법』　　고기 잰 것과 호박고지, 표고를 볶다가 6푼(약 2cm) 길이로 썬 흰떡을 넣고 버무린 다음 살짝 데친 무, 당근을 넣고 육수를 부어 무르게 익힌 찜. 다 익으면 미나리초대, 황·백 알지단 채 친 것, 석이채, 완자, 실백, 은행을 고명으로 얹음

가래떡을 접하기 쉬운 정월 명절에 해 먹는데 삶은 고기, 채소와 함께 무르게 찜을 했으므로 밥 없이도 주식을 대신할 수 있는 음식이다.

# 떡찜

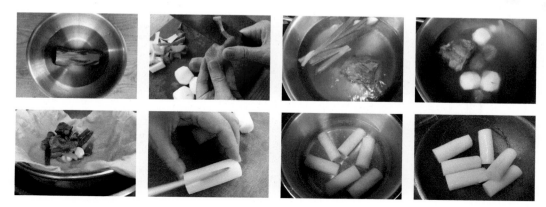

① 소고기 사태는 찬물에 담가 핏물을 제거한다.
② 표고버섯은 불린 후 곱게 채썬다.
③ 사태는 덩어리째 삶다가 무와 당근을 도중에 넣고 설익게 삶는다.
④ 흰떡은 5cm 길이로 토막내어 가운데에 십자로 칼집을 낸 뒤 살짝 데친다.

⑤ 고기양념장을 만든다.
⑥ 소고기는 곱게 다지고 표고버섯은 채썰어 고기양념을 한다.
⑦ 은행은 볶아서 속껍질을 제거하고 달걀은 황 · 백지단을 부쳐 마름모꼴로 썬다.

⑧ 흰떡 사이에 고기와 표고버섯 양념한 것을 채워넣는다.
⑨ 고기를 채운 떡은 찜할 때 밖으로 나오기 쉬우므로 팬에 소를 넣은 부분만 살짝 지진다.
⑩ 냄비에 사태 삶은 것, 당근, 무, 표고버섯을 넣고 양념장 일부와 육수를 넣어 끓이다가 고기 채운 떡을 넣고 찜을 한다.

**고기양념장** ··· 간장 3큰술, 설탕 1½큰술, 다진 파 · 다진 마늘 · 깨 · 참기름 · 후춧가루 적량

 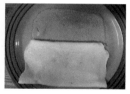

⑪ 국물이 어느 정도 졸아들면 나머지 양념장을 넣고 끓인다.
⑫ 국물이 거의 졸아들면 은행을 넣고 한번 끓인다.
⑬ 완성그릇에 담고 지단과 잣 등을 고명으로 얹는다.

**재　　료** … 닭 1/2마리, 양파 1/3개, 건표고 1장, 당근 50g, 달걀 1개,
식용유 30ml, 대파 1토막, 마늘 2쪽, 생강 10g

『한국음식-역사와 조리』 　　큼직하게 토막을 친 닭을 채
소와 섞어 싱겁게 조미하여 끓이다가 다시 조미하고 센 불에서
잠시 익힌 것. 닭찜은 우리나라의 반상, 연회상에 많이 쓰이는 닭
고기 요리로서 양파, 당근, 감자 등을 섞으면 닭맛이 채소로 옮겨
져서 채소 자체도 좋은 맛을 갖게 되고, 닭의 맛도 개운해짐

닭의 부위별 특징으로는 윗다리는 색이 붉고 기름기가 많아
맛이 좋은 부위이고 가슴살은 색이 희고 기름기가 없어 퍽퍽
하나 맛은 담백하다. 날개는 살이 적으나 지방과 콜라겐이 많
고 수분이 많아 맛이 좋은 부위이며, 등부분은 살이 적으나
지미성분이 다량 함유되어 있다.
닭은 지방질이 적고 소화흡수가 좋은 단백질이 많으며, 값이
싸고 경제적이다. 또한 근육 속에 지방이 섞여 있지 않아 맛
이 담백하고 소화흡수가 잘 되는 것이 특징이다.

# 닭찜

❶ 닭은 내장을 빼고 4~5cm 크기로 토막을 내어 끓는 물에 데친 후 찬물에 헹구어 기름기를 제거한다.
❷ 닭육수는 체에 걸러 준비하고 분량의 양념장을 만든다.
❸ 양파, 당근은 한입 크기로 썰고 당근은 모서리를 다듬는다.
❹ 불린 표고버섯은 채소와 같은 크기로 썬다.
❺ 달걀은 황·백지단을 부쳐 2×2cm의 마름모꼴로 썬다.

❻ 닭고기와 당근, 닭육수, 양념장 2/3를 넣고 뚜껑을 덮고 끓이다가 국물이 반 이상 졸아들면, 표고버섯, 양념장 1/3을 넣고 뚜껑을 열고 조려준다.
❼ 국물이 어느 정도 남으면 양파를 넣고 양파가 너무 무르지 않게 주의하면서 윤기나게 조려준다.
❽ 닭찜이 완성되면 국물과 함께 그릇에 담고 황·백지단과 은행을 고명으로 올린다.

양념장 … 간장 3큰술, 설탕 2큰술, 다진 파·다진 마늘·다진 생강·깨·참기름·후춧가루·육수 적량

재    료 … 돼지갈비 200g, 양파 1/3개, 홍고추 1/2개, 당근 50g, 감자 1/2개, 대파 1
토막, 마늘 2쪽, 생강 10g

찜은 7첩 이상의 반상, 주안상, 면상, 교자상에 올리는 음식
으로 불을 사용할 수 있게 된 선사시대 이래로 가장 일반적인
조리형태이다.
재료를 큼직하게 썰어 양념하여 물을 붓고 뭉근하게 끓여서

국물이 자작하도록 한 음식이며, 주재료는 수육류로 쇠고기,
돼지고기, 그 부산물인 갈비, 우설, 곱창 등이며 어패류, 채소
나 버섯이 이용된다.

# 돼지갈비찜

❶ 돼지갈비는 4~5cm 크기로 토막을 내어 찬물에 담가 핏물을 제거한 후 기름기를 제거하고 잔칼집을 넣는다.
❷ 돼지갈비는 끓는 물에 데쳐 찬물에 헹군 뒤 기름기를 제거한다.

❸ 양파, 당근, 감자는 3cm 정도의 크기로 썰고 감자와 당근은 모서리를 다듬는다.(양파는 뿌리 쪽이 남아 있어야 끓일 때 흩어
　지지 않는다.)
❹ 홍고추는 0.8cm로 어슷썰어 씨를 제거한다.
❺ 육수는 체에 걸러 준비하고 분량의 양념장을 만든다.

**양념장** … 간장 3큰술, 설탕 2큰술, 다진 파 · 다진 마늘 · 다진 생강 · 깨 · 참기름 · 후춧가루 · 육수 적량

❻ 돼지갈비와 육수, 당근을 양념장 2/3와 함께 넣고 뚜껑을 덮어 끓이다가 갈비가 익으면 감자를 넣고 끓여준다.
❼ 감자가 익으면 양념장 1/3을 넣고 뚜껑을 열어서 국물이 어느 정도 남으면 양파와 홍고추를 넣고 양파가 너무 무르지 않게
　윤기나게 조려준다.
❽ 돼지갈비찜이 완성되면 국물과 함께 그릇에 담는다.

**재　　료** … 북어포 1마리, 대파 1토막, 마늘 2쪽, 실고추 1g, 생강 10g

북어찜은 말린 북어를 불려서 간장으로 간을 하여 만든 찜으로 밥 반찬에 적합하다.

명태는 『신증동국여지승람』에 무태어(無泰魚)란 명칭으로 처음 기록되었고, 『송남잡식』에는 명태에 관하여 명천(明川)사람 태(太)씨가 낚시로 낚았다고 해서 명태란 이름이 지어졌다고 기록되어 있다.

명태는 여러 이름으로 불리는데, 정문기의 『어류 박물지』에는 무려 열아홉 개의 별칭이 나온다. 신선한 명태를 선태라 하고, 말린 명태는 건태 혹은 북어라 하며, 얼린 것은 동태, 새끼는 노가리라 한다. 잡는 시기에 따라 일태, 이태, 산태, 사태, 오태, 섣달바지, 춘태라 하며 크기에 따라 대태, 중태, 소태, 왜태, 애기태 등으로 나뉜다.

우리나라 동해 연안에서 잡은 토종 명태를 '지방태'라고 하는데 몸집은 작지만 짭짤하고 양념도 잘 흡수해 선호도가 높다. 명태 중 제일로 치는 것은 결이 부드럽고 노르스름한 황태이다. 얼었다 녹았다 하면 살이 졸아들었다 부풀었다 하기 때문에 결이 부드러워지는데 이 과정을 거쳐 얻은 북어를 '더덕북어'라고 한다.

우리나라에서는 명태를 말린 북어를 고기도 넣지 않고 담백하게 끓여낸 북엇국이 해장국의 대명사가 되었다. 북어는 단백질 중에 간보호 기능이 있는 메티오닌이라는 아미노산을 많이 함유하고 있고, 말린 것이라 상하지 않으므로 실온에 두고 아무 때나 꺼내 쓸 수 있어 편리하다. 명태로는 구이, 찜, 조림, 저냐, 무침 등 여러 찬을 만들 수 있다.

# 북어찜

❶ 북어포는 물에 불린 후 물기를 제거하고 머리, 지느러미, 꼬리를 제거한 후 뼈를 발라낸다.
❷ 손질한 북어포는 6cm 정도로 3토막을 낸 다음 껍질 쪽에 잔칼집을 넣는다.

❸ 대파의 푸른 부분은 1cm 길이로 채썰고, 실고추도 같은 크기로 잘라 고명으로 준비한다.
❹ 대파의 흰 부분과 마늘 등은 다져서 양념장을 만든다.
❺ 냄비에 손질한 북어를 담고 양념장과 물을 넣고 약불에서 서서히 조린다.
❻ 국물이 거의 졸아들면 파채와 실고추를 얹고 뜨거운 국물을 끼얹어 고명의 숨을 죽인다.
❼ 북어찜이 완성되면 큰 토막부터 꼬리 쪽 토막 순으로 국물과 함께 그릇에 담는다.

**양념장** … 간장 1½큰술, 설탕 2/3큰술, 다진 파 · 다진 마늘 · 생강즙 · 깨 · 참기름 · 후춧가루 · 물 적량

재　　료 … 두부 1모, 닭고기 100g, 표고버섯 2장, 석이버섯 3장, 달걀 1개,
잣 1작은술, 실고추 약간, 겨잣가루 5g

『한국음식–역사와 조리』 큰 덩이의 두부를 칼로 중간까지 베어, 그 사이에 조미한 고기, 채소를 끼운 다음, 냄비에 양념한 쇠고기를 깔고 두부를 안치고, 장국물이나 물을 두부가 잠기도록 붓고 끓인 것. 살짝 끓여 심심하게 만들면 일품요리의 역할도 함

두부를 곱게 으깨어 닭살과 표고버섯 등을 섞어 고른 두께로 펴서 찜을 한 것으로 마치 고명을 얹어 찐 편과 같다.

# 두부선

❶ 닭고기는 깨끗이 씻어 살만 발라내어 곱게 다진다.
❷ 표고버섯과 불려서 이끼를 제거한 석이버섯은 곱게 채썬다.
❸ 두부는 물기 제거 후 곱게 으깬다.
❹ 실고추는 3cm 길이로 썰고 잣은 비늘잣을 만든다.
❺ 달걀은 황·백으로 지단을 부쳐서 채썬다.
❻ 겨자는 뜨거운 냄비뚜껑 위에 얹어 매운맛이 나도록 발효시킨 후 겨자장을 만든다.

**겨자장** … 겨자 1큰술, 설탕 1큰술, 식초 1큰술, 물 1큰술, 간장·소금 약간

❼ 소금으로 고기양념장을 만든다.
❽ 두부와 닭고기를 섞어 고기양념장으로 양념한 후 젖은 행주를 깔고 1cm 두께의 반대기를 짓는다.

**고기양념장** … 소금 2작은술, 설탕 1작은술, 파·마늘·참기름·깨·후춧가루 적량

❾ 반대기 위에 표고버섯, 석이버섯, 실고추, 비늘잣, 황·백지단을 얹어 찜통에 10분간 찐다.
❿ 식으면 네모지게 썰어 겨자장이나 초장을 곁들인다.

제7장 · 찜 · 선

재　　료 … 오이 1/2개, 건표고 1개, 소고기 20g, 달걀 1개, 식용유 15ml, 대파 1토막, 마늘 1쪽, 소금 20g

오이선은 오이를 토막내어 어슷하게 칼집을 넣어 사이에 쇠고기, 달걀지단 등을 채워서 단촛물을 끼얹어 만드는 산뜻한 맛의 채소 음식이다. 여러 가지 음식을 순차적으로 대접할 때 전채음식으로 알맞다.

오이선은 만드는 데 공이 많이 들지만 보기도 좋고 맛도 상큼하여 좋아하는 사람이 많다.

옛날 책에 나오는 오이선의 다른 방법은 오이소박이처럼 토막내어 열십자로 칼집을 넣어 양념한 고기 소를 채워 넣고 국물을 부어 익히는 것이다.

# 오이선

① 오이는 통으로 소금으로 문질러 씻어놓는다.
② 오이는 길이로 반 갈라 4cm 길이로 어슷썬 후 1cm 간격으로 칼집을 세 번 넣은 후 소금물에 뒤집어 절인다.
③ 오이가 절여지면 물기를 제거하고 팬에 식용유를 두른 뒤 재빨리 볶아 종이타월 위에서 식힌다.

④ 달걀은 황 · 백지단을 부쳐 3×0.1×0.1cm로 채썬다.
⑤ 고기양념장을 만든다.
⑥ 소고기와 표고버섯은 3×0.1×0.1cm로 채썬 뒤 고기양념하여 볶아낸다.

**고기양념장** ⋯ 간장 1작은술, 설탕 1/2작은술, 다진 파 · 다진 마늘 · 깨 · 참기름 · 후춧가루 적량

⑦ 오이 칼집 사이에 소고기와 표고버섯 섞은 것, 황 · 백지단을 각각 같은 위치에 보기 좋게 끼운다.
⑧ 단촛물을 만든다.
⑨ 접시에 오이선을 담고, 상에 내기 직전에 단촛물을 끼얹는다.

**단촛물** ⋯ 설탕 1큰술, 식초 1큰술, 물 1큰술, 소금 1/3작은술

Korean
Food

조림 · 초

제**8**장

# 조림 · 초

## 1. 조림

### 1) 한국음식 : 역사와 조리

어패류, 육류 등의 재료에 간을 약간 세게 하여 재료에 간이 충분히 스며들도록 약한 불에서 오래 익히는 요리이다.

조림의 간은 주로 간장으로 하나 고등어, 꽁치같이 살이 붉고 비린내가 강한 생선은 간장에 고추장을 섞어서 조린다.

지짐이는 찌개와 조림의 중간쯤에 놓일 수 있는 음식으로서, 찌개보다는 국물이 적고 조림보다는 국물이 많게 요리한 음식으로 대체로 얼간생선, 건어, 일반 어패류가 쓰이며, 때로 전을 부친 것에 국물을 조금 넣고 지짐요리로 하는 경우도 있다.

조림은 주로 반상에 오르는 찬품으로 육류, 어패류, 채소류로 만든다. 궁중에서는 조리개라고 하였다. 오래 저장하면서 먹을 것은 간을 약간 세게 한다. 조림요리는 어패류, 우육 등에 간장, 기름 등을 넣어 즙액이 거의 없도록 간간하게 익힌 요리이며, 밥반찬으로 널리 상용되는 것이다. 조림요리가 『증보산림경제』에 처음으로 기록되었고 『규합총서』에는 언급된 바가 없는 것으로 미루어 조림요리는 늦게 보급되었던 것 같다. 1700년대까지 조선시대 조리서에는 조림이 보이지 않다가 『시의전서』에 장조림법으로써 조림이란 말이 비로소 나타난다.

## 2. 초

### 1) 한국음식 : 역사와 조리

볶음요리의 하나로 전복초, 홍합초와 같이 간장, 설탕, 기름으로 국물이 없게 바싹 조린 음식이다.

초는 볶는 조리의 총칭으로 습열, 건열의 두 가지 뜻으로 쓰인다. 전복초처럼 전복을 물과 간장에 졸이다 남은 국물에 녹말을 풀어서 엉키도록 하여 국물이 없게 마무리한 것이 습열초이고, 콩을 볶을 때처럼 마른 콩을 그대로 저어가면서 볶는 것은 건열초이다. 볶음은 번철에 기름을 두르고 고기, 채소, 건어, 해조류 등을 손질하여 썰어서 센 불로 단시간에 볶는 간접 가열법이다.

『조선무쌍신식요리제법』의 우두초(牛肚炒)에서 초의 개념을 "국은 국물이 가장 많고 지지미는 국물이 바특하고 초는 국물이 더 바특하여 찜보다 조금 국물이 있는 것이다"라고 하였다. 초는 대체로 조림보다 간은 약하고 달게 하며, 재료로는 홍합과 전복이 가장 많이 쓰인다.

전복초, 홍합초, 해삼초, 우족초, 부화초, 생치초, 연계초, 생소라초, 생합초, 전복·홍합초, 저태초, 삼합초 등이 있다.

Memo

재 　 료 … 홍합 100g, 생소라살 2개, 소고기 80g, 전복 1개, 마늘 · 생강 각 2쪽,
진간장 2큰술, 건고추 2개, 설탕 1큰술, 꿀 1큰술, 잣 5g

전복, 해삼, 홍합을 쇠고기와 함께 달게 조린 장과로 재료가
호화로운 만큼 맛도 훌륭하다. 옛날 조리서에는 전복과 홍합
말린 것을 불려서 썼으나 요즈음에는 구하기도 어렵고 날것
도 맛이 훌륭하다. 해삼은 반드시 마른 것을 불려서 써야 한
다. 생해삼은 회로만 먹을 수 있지 가열하면 모양이 녹아버려
볼품도 없고 맛도 없기 때문이다.

숙장아찌는 보통 장아찌와는 달리 가열하여 익혀서 만들었기
에 익을 숙(熟)자가 붙어서 숙장과(熟醬瓜)라 하고, 갑자기 만
들었다고 해서 갑장과라고도 하였다.
장아찌에 쓰이는 거의 모든 재료는 숙장과의 재료가 된다. 궁
중음식 중에서 귀한 재료인 말린 전복, 해삼, 홍합을 한데 만
든 삼합장과는 일종의 조림 찬이지만 장과라고 이름이 붙어
있으며, 맛이 아주 각별하다.

# 삼합장과

❶ 홍합은 살짝 데쳐 살만 준비하고, 껍질은 깨끗이 씻어둔다.
❷ 전복은 깨끗이 씻어 내장을 제거하고 살만 준비한다.
❸ 홍합, 전복, 소라는 비슷한 크기로 어슷썬다.

❹ 마늘과 생강은 편으로, 건고추는 2~3등분하여 조림장을 만든다.'
❺ 간장, 설탕, 마늘편, 생강편, 건고추, 물 1컵을 넣고 끓으면 소고기를 넣고 조린다.
❻ 소고기가 익으면 해산물을 넣은 후 냄비 뚜껑을 열고 서서히 조린다.

**조림장** … 물 1컵, 간장 2큰술, 설탕 1큰술, 건고추 2개, 마늘 · 생강 각 2쪽

  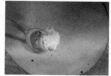  

❼ 거의 조려지면 꿀이나 물엿을 1큰술 넣고 참기름과 후춧가루를 넣는다.
❽ 홍합껍질을 깨끗이 씻어 물기를 제거하고 참기름을 바른 후 장과를 골고루 담고 잣가루를 뿌려낸다.
❾ 접시에 여러 개를 담을 때에는 밑에 소금을 깔아 고정시킨다.

재　　료 ··· 소고기(홍두깨살) 200g, 메추리알 6개, 꽈리고추 6개, 마늘 7개, 대파 1대, 생강 1쪽, 양파 30g, 건고추 2개, 간장 3큰술, 국간장 1큰술, 설탕 1½큰술, 청주 1큰술

『시의전서』　　다진 쇠고기에 양념을 하여 속에 호두, 잣을 1 개씩 넣어 밤톨만 하게 뭉쳐서 석쇠에 종이를 한 장 깔고 구운 후 꿀을 탄 진간장에 조린 반찬

장조림은 기름이 거의 없는 살코기를 간장에 조린 찬으로 돼지고기로도 만든다. 1700년대까지는 '조림'이란 말이 나오지 않다가 1800년대 말 『시의전서』에 '장조림법'이라 하여 처음 나온다. 장조림에 적합한 소고기 부위는 홍두깨살, 우둔살, 사태 등 비교적 질긴 부위이다. 고기를 덩어리째 부드럽게 삶은 다음 간장을 넣고 조린다.

# 소고기장조림

❶ 소고기는 기름을 제거하고 찬물에 담가 핏물을 제거한 후 6cm 정도의 크기로 큼직하게 토막을 낸다.
❷ 메추리알은 삶아 껍질을 벗긴다.
❸ 생강은 편으로, 양파는 적당한 크기로 등분하여 썰고, 건고추는 2~3등분한다.

❹ 냄비에 물이 끓으면 대파 1대, 생강 1쪽, 양파 30g, 건고추 2개, 물 3컵을 넣고 소고기와 함께 부드럽게 삶은 후 고기는 건지고 육수는 면포로 거른다.
❺ 조림장을 만든다.
❻ 삶아진 고기에 육수 2컵과 조림장을 넣어 센 불에서 끓이다가 약불에서 서서히 조린다.

**조림장** ··· 간장 2큰술, 국간장 2/3큰술, 설탕 1½큰술, 청주 1큰술

❼ 국물이 반으로 졸아들고 고기에 간이 배어들면 메추리알, 마늘, 꽈리고추를 넣고 은근히 조린다.
❽ 장조림이 완성되면 고기를 결대로 찢고 메추리알 · 꽈리고추와 함께 담아낸다.
❾ 국물이 자작하도록 끼얹는다.

재    료 … 연근 300g, 물엿 1큰술, 깨소금 1/2작은술, 참기름 1/2작은술, 설탕 2큰술, 진간장 4큰술, 양파 40g, 대파 1/2대, 마늘 2쪽, 생강 1/2쪽, 건고추 2개, 통후추 약간

『규합총서』    연근의 껍질을 벗겨 가로 7mm 정도로 썰어 삶아 설탕과 물을 섞어 붓고 젓지 않고 조린 것

연근은 아삭아삭 씹히는 식감이 좋고 썬 단면이 특이한 문양을 이루고 있어 맛도 좋지만 보기도 좋은 뿌리채소이다. 연근이란 연꽃의 뿌리로 장기간 저장이 가능하나 가을에서 겨울에 가장 맛이 좋으며, 뿌리뿐만 아니라 연의 열매, 꽃, 잎도

여러 가지 효능으로 다양하게 조리가 가능하다. 연근은 껍질을 벗겨서 그대로 두면 갈색으로 변하므로 바로 식초물에 담가야 변색되지 않으며, 데칠 때도 식초를 약간 넣는다.
연근으로 만든 음식은 그리 많지 않지만 데쳐서 꿀이나 조청을 넣고 조려서 발그스름한 색이 날 때까지 서서히 조려 연근정과를 만들기도 한다.

# 연근조림

❶ 연근은 껍질을 벗기고 0.5cm 두께로 동그랗게 썰어 식초물에 잠시 담갔다가 살짝 데친다.
❷ 양파는 큼직하게 썰고 마늘과 생강은 편으로 썰어둔다.
❸ 조림장을 만든다.

**조림장** … 간장 4큰술, 설탕 2큰술, 양파 40g, 대파 1/2대, 마늘 2쪽, 생강 1/2쪽, 건고추 2개, 통후추 4알, 물 1컵

❹ 조림장에 연근을 넣고 센 불에서 끓이다가 약불에서 뚜껑을 열고 서서히 조린다.
❺ 국물이 2큰술 정도 남으면 조림장의 채소는 건져내고 꿀이나 물엿을 1큰술 넣어 잠시 더 조리다가 참기름과 깨소금을 넣는다.
❻ 조림국물과 함께 담아낸다.

재  료 … 소고기(양지) 100g, 우엉 20cm, 마늘 5쪽, 생강 1톨, 대파 1/2줄기,
건고추 2개, 통후추 5알, 물엿 1큰술, 간장 1½큰술, 설탕 1/2큰술,
꿀 1큰술, 참기름 1작은술

삶은 쇠고기 편육을 다시 간장에 조려서 만드는 찬으로 장조림과는 또 다른 감칠맛이 있다. 편육을 썰어서 간장, 통고추, 생강, 파, 마늘을 넣고 조린 것이다.

고기를 푹 고아서 물기를 뺀 것이 수육(水肉) 또는 숙육(熟肉)이고, 고아서 얇게 저민 것은 편육(片肉) 또는 숙편(熟片)이다. 이용기는 『조선무쌍신식요리제법』에서 "편육이란 것은 약을 달여 약은 버리고 찌꺼기만 먹는 셈이니 좋은 고기맛은 다 빠졌는데 무엇이 그리 맛이 있으며 자양인들 되리요" 하여 편육의 조리법을 그리 달갑지 않게 여기고 있다. 하지만 우리나라 사람이 여전히 좋아하는 음식이고 요즘은 돼지고기 편육을 절인 배추에 싸서 보쌈으로 즐겨 먹는다. 고기의 모든 부위가 숙육에 알맞은 것은 아니다. 『시의전서』에서는 양지머리 외에

사태, 부아, 지라, 쇠머리, 우설, 우랑(우신), 유통 등이 편육감으로 알맞고 제육은 초장과 젓국, 고춧가루를 넣고, 마늘을 저며 고기에 싸 먹으면 느끼하지 않다고 하였다. 돼지고기로 편육을 만들려면 삼겹살, 돼지머리, 목등심 등이 적당하고 차돌박이 편육이 최고이다.

잔치음식을 만들 때는 양지머리나 사태를 덩어리째 삶아 국물은 국수장국의 국물로 쓰고 고기 건더기는 편육으로 쓴다. 쇠고기를 지나치게 오래 삶으면 고기의 좋은 맛이 국물에 다 빠지고 영양가도 줄어들지만 산뜻한 맛을 즐길 수 있다. 편육으로 할 때 고기가 무르고 나면 국물에 소금을 넣고 잠시 더 끓여서 고기에 밑간이 들게 하면 더욱 맛있다.

# 편육조리개

❶ 소고기 양지는 찬물에 담가 핏물을 제거한 후 대파와 마늘을 넣고 고기가 무르도록 삶아 도톰하고 납작하게 썬다.
❷ 우엉은 껍질을 제거하고 길이 4cm로 잘라 식초물에 담가두었다가 데쳐서 찬물로 헹구어둔다.

❸ 마늘과 생강은 편으로 썰고 건고추는 2~3등분한다.
❹ 조림장을 만든다.

**조림장** … 육수 1컵, 간장 1½큰술, 설탕 1/2큰술

❺ 조림장에 삶은 소고기를 넣고 끓이다가 우엉, 건고추, 통후추, 마늘편, 생강편을 넣고 조린다.
❻ 국물이 2큰술 정도 남으면 건고추는 건져내고, 꿀이나 물엿을 1큰술 넣어주고 대파를 통으로 썰어 넣어 잠시 더 조린다.
❼ 참기름과 깨를 넣어 섞어준다.
❽ 조림국물과 함께 재료가 한눈에 보이도록 담는다.

재    료 ··· 전복 2마리, 녹말가루 1큰술, 소고기 50g, 잣가루 1큰술, 참기름 1큰술, 간장 3큰술, 설탕 2큰술, 마늘 1톨

『한국민속대관』  전복을 폭 익혀서 간장, 설탕, 후춧가루를 넣고 조린 것. 품위 있는 마른반찬의 하나로 조릴 때 국물을 떠서 위로 부어 색과 간이 잘 배도록 함. 조림과 같으나 간을 세지 않게 하고, 간장물이 남지 않게 하는 것이 특징임

날전복을 얇게 저며 쇠고기와 합하여 간장에 달게 조린 찬으로 맛이 훌륭하다. 예전에는 말린 전복을 불려서 만들기도 하였으나 요즈음은 매우 귀해졌다.

조선시대 궁중의 진상품 품목이 적힌 책을 보면 충청지방에서 정월과 8월에 생복을 올렸고 제주에서는 멀리서 오기 때문에 말린 것으로 전복, 추복, 인복, 조복 등을 올렸다고 한다. 생복은 날것이고, 전복은 통째로 말린 것이고 추복은 말리면서 편 것으로 보이며, 인복은 전복살을 띠처럼 길게 저며서 말린 것이다.

# 전복초

❶ 전복은 껍질째 솔로 문질러 씻고 검은색 막은 소금으로 문질러 씻는다.
❷ 전복의 내장을 제거한 후 살짝 데쳐 얇게 저민다.
❸ 소고기는 납작하게 저미고 마늘도 편썰기한다.
❹ 조림양념장을 만든다.

**조림양념장** … 간장 3큰술, 설탕 2큰술, 전복 삶은 물 1컵, 마늘 1톨, 후춧가루 약간

❺ 조림양념장이 끓기 시작하면 소고기를 넣고 끓인다.
❻ 소고기가 익고 장물이 다시 끓어오르면 전복과 마늘을 넣어 약불에서 서서히 조린다.
❼ 국물이 3큰술 정도 남으면 녹말물을 넣어 고루 저어준 뒤 참기름을 넣는다.
❽ 그릇에 조림국물과 함께 소복하게 담고 잣가루를 뿌려낸다.

Korean
Food

구이

# 제9장 구이

## 1. 구이

　구이는 인류가 화식을 할 때 제일 먼저 실시한 조리법으로 끓이는 음식은 끓일 용구가 있어야 하지만 구이는 불에 직접 구울 수 있으므로 인류가 개발한 조리법 중에서 시초의 것이라고 본다. 고기를 불에 쬐어 구울 때 손에 쥐고 있으면 고기가 구워지기 전에 손이 먼저 뜨거워지므로 고기를 꼬챙이에 꿰어서 구웠을 것이다. 그러다가 돌을 뜨겁게 달구어 그 위에 고기를 구웠으니 이것이 번(燔)이다. 번은 불 가까이에서 굽는 것이다. 구이에는 직화법과 간접법이 있다.

　한편, 재료를 종이나 흙에 싸서 굽는 포(炮), 재료를 종이나 흙에 싸서 뜨거운 재에 묻거나 밀폐된 그릇 속에서 가열하는 외증(煨蒸) 등이 있다. 이때는 재료의 수분이 수증기가 되어 밀폐된 공간 속에 남기 때문에 찜구이가 된다. 또한 직화로 쬐어 구울 때 첨자(籤子)에 꿰어서 구웠으나 철이 많이 생산됨에 따라 석쇠를 쓰게 되었다.

　우리나라의 전통적인 고기구이는 맥적(貊炙)으로, 맥은 중국의 동북지방이니 고구려를 가리키며, 맥적은 고구려 사람들의 고기구이이다. 중국에까지 널리 알려졌던 맥적은 고려시대에 들면서 불교의 영향으로 살생금지와 육식 절제생활로 소의 도살법이나 조리법이 잊혀졌으나 몽골 사람의 영향으로 옛 요리법을 되찾게 되고 개성에서 설하멱(雪下覓)이라는 이름으로 되살아나 이것이 오늘날의 너비아니로 이어지고 있다.

　『음식디미방』의 「가지누르미조」에 "가지를 설하멱처럼"이란 말이 나오니 1600년대 말엽에도 설하멱은 보편적인 조리품이었음을 알 수 있다.

　『해동죽지』에서 또 설야적은 예부터 개성부에 내려오는 명물로 쇠갈비나 염통을 기름과 훈채로 조미하여 굽다가 반쯤 익으면 냉수에 잠깐 담그고 센 숯불에 다시 구워 익히면 눈 오는 겨울밤의 술안주에 좋고 고기가 몹시 연하여 맛이 좋다고 하였다.

구이는 일상식과 의례음식에서 빼놓을 수 없는 찬물로, 제사상이나 큰 상에 올릴 때는 적이라 하고, 제사에는 백지, 혼인·회갑에는 황·홍·청 3색 종이를 주름잡아 사지를 감아서 곱게 장식하여 사용했다.

Memo

**재　　료** … 뱅어포 2장, 식용유 2큰술, 고추장 2큰술, 대파 1대, 마늘 2쪽, 물엿 1/2큰술

『세계요리백과』　뱅어포에 간장, 기름, 고추장 따위를 발라서 구운 반찬

───────────

뱅어는 맛이 담백하고 생김새가 수려하여 귀하게 여긴다. 『규합총서』에서 "이 생선은 왕기(王氣)가 있는데 많으며, 얼음이 언 후에 살이 쪄서 다른 고기와는 달리 맛이 아주 좋다"고 하였다.

우리가 흔히 알고 있는 뱅어포는 실은 뱅어와 비슷한 괴도라치의 잔새끼를 여러 마리 붙여서 만든 포이다. 뱅어포에 간장, 기름, 고추장 같은 것을 발라서 굽거나 김을 굽듯이 기름을 넉넉히 두르고 소금만 뿌려서 굽기도 한다.

# 뱅어포구이

① 뱅어포는 잡티를 골라내고 2등분한다.
② 뱅어포구이용 양념장을 만든다.

**양념장** … 고추장 2큰술, 설탕 1큰술, 물엿 1/2큰술, 간장 1/3작은술, 다진 파 · 다진 마늘 · 참기름 · 후춧가루 · 깨 적량

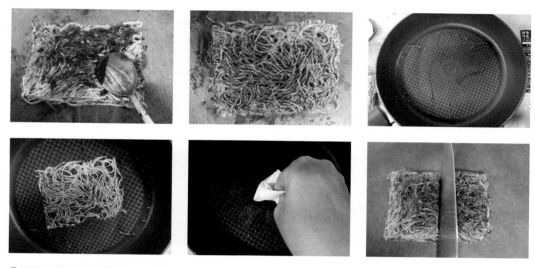

③ 뱅어포 한 면에 양념장을 고루 발라서 재워둔다.
④ 팬에 기름을 두르고 약불에서 한 장씩 서서히 굽는다.
⑤ 뱅어포구이가 식으면 4×2cm로 잘라 접시에 담는다.

**재    료 …** 소갈비(찜용) 500g, 배 1/2개, 파 1대, 마늘 3쪽, 잣 1작은술

『시의전서』     소갈비찜 : 갈비와 표고, 저민 마늘, 무, 파를 함께 넣고 싱겁게 간을 하여 무를 때까지 끓인 후 다시 갈비에 간을 하여 뭉근히 익히다가 간장, 기름, 설탕을 넣어 센 불에 잠시 끓인 찜. 찜그릇에 담고 알지단과 석이버섯 채 친 것을 뿌림

소갈비로 찜을 만든 후 이를 다시 구운 음식으로 찜의 부드러움과 구이의 풍미를 한번에 맛볼 수 있는 독특한 조리법이다. 생고기로 직접 양념해서 구운 것보다 매우 연하여 노인들에게 대접하기 좋다.

갈비의 늑골은 13대이고, 육질은 근육조직과 지방조직이 3중으로 형성되어 있으며, 특이한 맛이 있어 불갈비, 찜, 탕, 구이 등으로 이용한다. 6, 7, 8번의 갈비가 가장 맛이 있고 수육이 좋다.

일반적으로 살이 잘 오른 한우는 지방이 많고 젖소와 수소는 지방이 적은 편에 속한다. 즉 곡물사료로 90일~1년 동안 비육한 출산 전의 암소가 최고급 육류이다. 쇠고기의 등급기준은 마블링(Marbling)상태에 따라 결정하고, 이는 수분과 단백질이 지방으로 변하여 대리석 같은 얼룩무늬 형태로 골격근에 남아 있는데, 5등급으로 구분하여 품질을 결정한다.

# 소갈비찜구이

❶ 갈비는 찬물에 담가 핏물을 제거한 후 기름과 힘줄을 제거하고 칼집을 넣는다.
❷ 끓는 물에 데친 갈비는 육수와 갈비를 분리한다.

❸ 배는 갈아서 즙을 낸다.
❹ 갈비양념장을 만든다.
❺ 잣은 종이 위에서 보슬보슬하게 다진다.

**갈비양념장** … 간장 2큰술, 설탕 1큰술, 배즙 3큰술, 다진 파 · 다진 마늘 · 참기름 · 후춧가루 · 깨 적량

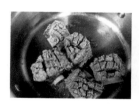  

❻ 갈비를 2/3 정도의 양념장으로 재웠다가 기름 걷은 육수를 갈비가 잠길 정도로 부어 끓인다.
❼ 국물이 어느 정도 졸면 나머지 양념장 1/3을 넣고 졸인다.
❽ 국물이 2~3큰술 남으면 석쇠에 호일을 깔고 국물을 끼얹어가며 촉촉하게 구워준다.
❾ 구워진 갈비는 모양을 살려 접시에 담고 잣가루를 뿌린다.

**재     료** … 북어 1마리, 소고기(간 것) 50g, 찹쌀가루 1/2컵, 밀가루 2큰술,
잣 1작은술, 깨 1작은술

북어는 쓰임새가 많아서 국이나 밑반찬거리로 아주 좋다.
제사나 굿, 고사를 지낼 때 빠지지 않는 제숫거리이다.
북어찹쌀구이는 북어에 양념한 소고기를 붙여서 찹쌀가루
를 묻혀 지진 음식으로 반찬으로 폐백, 이바지음식 등으로
손색이 없는 음식이다.

# 북어찹쌀구이

❶ 북어포는 물에 살짝 불렸다가 물기를 제거한 후 비늘, 가시, 머리, 꼬리를 제거한다.
❷ 북어 껍질 쪽에 칼집을 넣는다.
❸ 북어양념을 앞뒤로 잘 바른 후 약 5분 정도 방치한다.

**북어양념** ··· 간장 1작은술, 참기름 1큰술, 설탕 1/3작은술, 후춧가루 약간

❹ 간 소고기는 양념하여 끈기가 생기도록 잘 치댄다.
❺ 북어 안쪽에만 밀가루를 바른 후 털어내고 양념한 소고기를 얇게 붙인다.
❻ 찹쌀가루를 고기 있는 부분에 묻힌다(움푹 들어간 부분은 두껍게 발라 표면을 편편하게 만들어준다).
❼ 팬에 기름을 두르고 앞뒤로 노릇하게 지진다.

**고기양념** ··· 간장 1작은술, 참기름 1/2작은술, 깨 1/2작은술, 다진 파, 다진 마늘, 후춧가루

❽ 양념을 만들어 물을 약간 섞어 팬에 넣고 끓이다가 국물이 조금 졸아들면 북어를 넣고 앞뒤로 살짝만 익힌다.
❾ 깨와 잣으로 북어 위에 고명을 한다(자르지 않고 그대로 깨와 잣을 이용하며 장식하기도 하고, 먹기 좋은 크기로 자른 후 장식하기도 한다).

**양념** ··· 고추장 1큰술, 고춧가루 1작은술, 물엿 2작은술, 설탕 1/2작은술, 참기름 1큰술, 깨 1작은술, 다진 마늘, 생강즙 1/3작은술, 양파즙 1/3큰술

# 적

# 제10장 적

## 1. 적

### 1) 한국음식 : 역사와 조리

구이요리의 하나. 대체로 고기를 두껍고 크게 저며 2~3편을 꼬챙이에 꿰어 양념장에 쟁였다가 구운 것을 육적, 또는 큰 생선을 통째로 구운 것. 큰 생선살을 크게 저미거나 조개류 등을 꼬챙이에 꿰어 소금간을 하였다가 구운 것 등을 어적이라 함. 또한 고기나 큰 생선을 굵직하고 갸름하게 썰어 파, 두릅, 표고버섯 등을 섞어 꼬챙이에 꽂아서 구운 것을 산적이라 하고, 다져서 양념하여 다시 반대기를 지어 구운 것을 섭산적이라 한다.

고기나 생선을 구운 음식에는 '구이'나 '적'자를 붙이는데, 철판이나 돌에 올려놓고 굽는 것을 주로 구이라 하고, 꼬챙이에 꿰거나 석쇠에 얹어서 불 위에서 바로 굽는 것을 적(炙)이라 한다. 예전에는 두 가지를 구분하지 않았으나 1900년 중반 이후에 나온 책에는 꼬치에 꿰어 굽는 것을 '적', 나머지는 '구이'라 하였다. 『산림경제』에서는 '고기구이'를 쇠꼬챙이에 꿰어 숯불 위에서 굽는다고 하였다.

'적'자가 붙는 음식에는 산적, 누름적, 지짐누름적의 세 가지가 있다. '산적'이란 날고기나 채소를 꼬챙이에 번갈아 꿰어서 불에 직접 굽는 것으로 소고기산적, 파산적, 떡산적 등이 있고, '누름적'은 양념하여 익힌 고기나 채소를 꼬챙이에 번갈아 꿰어 구운 음식으로 누름적, 화양적 등이 있다. '지짐누름적'은 날재료를 꼬챙이에 꿴 다음 밀가루와 달걀을 입혀서 지지거나 밀가루즙을 씌워서 지진 것으로 김치적, 두릅적 등이 있다.

산적은 고기뿐 아니라 제철채소나 흰떡 등 다양한 재료로 만들 수 있다. 봄철에는 쌉쌀한 맛의 두릅적이 좋고, 가을에는 송이나 표고버섯으로 만든 버섯산적, 겨울에는 달고 연한 움파산적, 정월에는 흰떡을 끼운 떡산적 등 철마다 계절의 별미를 즐길 수 있다.

 재　　료 … 흰떡 100g, 당근 1토막, 오이 1토막, 실파 2줄기(또는 대파 1줄기),
표고버섯 2개

『한국음식』　　흰떡과 소고기를 섞어 꿰어 조미하여 구운 것

『옹희잡지』(1800년대 초)에서는 산적을 한문으로 '산적(筭炙)'
이라 하였고 궁중에서는 '산적(散炙)'이라 하였으며, 『조선
무쌍신식요리제법』에서는 꼬챙이에 꿰인 것이 주판과 같
다 하여 '산적(算炙)'이라 하였다(1715).
겨울철에 흰떡, 소고기, 파 등을 꼬치에 꿰어서 굽는 떡산
적을 색스럽게 할 때는 표고나 당근도 끼운다.

# 떡산적

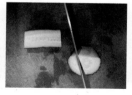

❶ 떡볶이용 떡, 당근, 대파는 5mm 폭으로 썬 후 6cm 길이로 썬다.
❷ 오이는 삼발래로 자른 후 6cm 로 썰어준다.
❸ 표고버섯은 찬물에 불린 후 기둥을 제거하고 5mm 폭으로 썬 후 6cm 길이로 썬다.
❹ 양념장을 만든다.

**양념장** ⋯ 간장 1큰술, 육수 2큰술, 설탕 1/2큰술, 맛술 1작은술, 다진 마늘, 참기름, 깨소금

❺ 떡, 당근, 오이는 끓는 물에 소금을 약간 넣고 데쳐낸다.
❻ 꼬치에 재료를 색맞추어 꿴다.
❼ 팬에 식용유를 약간 두르고 산적에 양념장을 끼얹으면서 지진다.
❽ 접시에 색스럽게 담는다.

*Tip* • 떡볶이용 떡을 사용하거나 떡국용 떡의 경우 4등분한 후 길이를 조절한다.

재　　료 … 소고기(살코기) 80g, 도라지 2개, 건표고버섯 2개, 익은 김치 100g,
밀가루 2큰술, 계란 1개, 꼬치 2개

고기나 생선을 구운 음식에는 '구이'나 '적'자를 붙이는데, 철판돌에 올려놓고 굽는 것을 주로 구이(燔)라 하고, 꼬챙이에 꿰거나 석쇠에 얹어서 불 위에서 바로 굽는 것을 적(炙)이라 한다. 예전에는 두 가지를 구분하지 않았으나 1900년 중반 이후에 나온 책에는 꼬치에 꿰어 굽는 것을 '적', 나머지는 '구이'라 하였다. 『산림경제』에서는 '고기구이'를 쇠꼬챙이에 꿰어 숯불 위에서 굽는다고 하였다.

산적은 양념하여 대나무 꼬챙이에 꿰어 옷을 입히지 않고 석쇠에 얹어 숯불에 쬐어 굽는 것이나 번철에 지지는 경우도 있다.

『시의전서』에는 제물로서 가리적, 족적, 어적을 설명하였고, 적 담는 절차로 적틀에 육적을 담고 그 위에 생치나 닭적을 얹으며, 이것은 제물뿐만 아니라 혼인이나 수연의 큰 상에도 쓴다고 하였다.

김치적은 겨울의 배추김치와 쇠고기, 표고버섯, 도라지 등을 대꼬치에 꿰어서 마치 전을 부치듯이 밀가루와 달걀을 입혀 지진 지짐누름적이다.

# 김치적

❶ 도라지는 껍질을 벗기고 소금물에 담가 쓴맛을 제거한 후 6.5×1.0×0.4cm 크기로 썰어 소금을 넣은 끓는 물에 데쳐낸다.
❷ 소고기는 도라지보다 1~2cm 더 길게 썰어 앞뒤를 칼로 두드린 후 고기양념한다.
❸ 건표고버섯은 물에 담가 불렸다가 도라지와 같은 크기로 썰어 고기양념한다.
❹ 김치도 줄기 위주로 도라지와 같은 크기로 썰어준 후 참기름으로 양념한다.

**고기양념** … 청장, 다진 파 · 다진 마늘 · 소금 · 참기름 · 후춧가루 적량

❺ 꼬치에 색을 고려하면서 재료를 꽂아준다.
❻ 밀가루와 계란물을 차례로 묻혀준다.
❼ 팬에 기름을 두르고 고기가 충분히 익을 수 있도록 중불에서 앞뒤로 익혀준다.
❽ 꼬치를 제거하고 초간장을 곁들인다.

**초간장** … 간장 1큰술, 식초 1/2큰술, 설탕 1작은술, 물 1작은술

# 전

# 제11장 전

## 1. 전

　전이란 고기, 생선, 채소 등을 다지거나 얇게 저며서 소금, 후추로 간을 하고 밀가루, 달걀을 입혀서 양면을 기름에 지진 음식. 전은 반상(飯床), 면상(麵床), 교자상(交子床), 주안상(酒案床) 등에 모두 적합한 음식이며 초간장을 곁들여 먹음. 전유어(煎油魚), 전유화(煎油花), 저냐라고도 한다.

　전은 고기, 채소, 생선 등의 재료를 다지거나 얇게 저며서 밀가루와 달걀로 옷을 입혀 번철에 기름을 두르고 양면을 지져내는 것이다. 궁중에서는 전유화(煎油花)라 쓰고 전유어, 전유아라고 읽으며 속간에서는 저냐, 전, 부침개, 지짐개라고 한다. 또 제수이면 간남(肝南), 간납, 갈랍이라고 하는데 이것은 간적(肝炙)의 남쪽에 놓이므로 붙여진 명칭이다. 『영접도감의궤』(1609)에는 어육전, 1643에는 잡전으로 전이라는 용어가 처음 기록되었다. 『음식디미방』에 어전, 『요록』에 염포(塩泡)라 하고 "소의 양을 소금물에 삶아서 가늘게 썰어 밀가루를 묻혀 잠깐 지진다"고 하였다. 『규합총서』에 빈자법, 전유어라는 항목으로 재료에 옷을 입혀 지지는 것만이 아닌 연결제를 사용한 부침개까지 통틀어서 전이라 하였다.

　전은 다른 조리법에 비하여 비교적 늦게 개발된 조리법이기는 하지만 우리나라 찬물의 요리법 중에는 튀김요리가 거의 없으므로 그중에 기름 섭취를 가장 많이 할 수 있는 찬물로서 오늘날까지 비교적 다양한 요리법이 개발되고 있다.

　전의 주재료는 수조육류, 어패류, 갑각류, 연체류, 채소류, 버섯류, 해조류, 달걀, 콩류, 곡류, 두부 등이다. 전의 재료는 주재료 하나만 또는 2~3가지씩 섞어서 사용하고 손질법은 얇게 저미거나 곱게 다져서 완자를 빚거나 통으로 썰어서 사용한다. 또 단단한 채소는 데쳐서 사용한다. 연결제는 밀가루, 메밀가루, 멥쌀가루, 찹쌀가루, 녹말 등이 쓰인다.

전의 색상을 아름답게 하기 위하여 치자로 노랗게 하거나 식홍이나 선인장 등으로 분홍물을 들인다. 『조선무쌍신식요리제법』에서는 '전유어 지지는 법(간납, 전야, 간납, 전유어)'이란 항목을 두고 있다. 또 옷을 입히지 않고 연결제를 재료에 섞어 번철에 기름을 두르고 눌러 부치듯 익혀내는 화전이나 빈대떡도 이 무리의 것이다. 이 경우는 보통 부친다고 하며, 부치개라 한다. 그러나 방언으로는 부치개를 지짐개라 한다.

『조선무쌍신식요리제법』에 의하면 전유어 만드는 법은 여러 층이 있어 상등은 달걀에 녹말가루나 밀가루를 씌워서 지지는 것이요, 중등은 달걀에 물을 타서 치자물을 들여 밀가루를 사용하여 지지는 것이며, 하등은 녹두를 갈아서 달걀을 쓰지 않고 들기름이나 저육(豬肉)기름에 지져 쓰는 것이라고 하였다.

Memo

**재　　료** … 깻잎 8장, 달걀 2개, 두부 20g, 소고기 40g, 표고버섯 1개, 양파 1/8개

깻잎에 양념한 소고기와 두부를 넣고 접어서 지진 음식이다.

들깻잎은 동남아시아, 인도 등에 분포하고 중국, 한국, 일본에서는 오래전부터 재배되어 왔다. 칼슘, 인, 철, 미네랄, 비타민 B, C 등을 다량 함유하고 있으며, 육류를 이용한 탕이나 생선회 등의 비린내를 없애고 특유의 향취를 발산한다.

잎과 어린순은 데쳐서 무침으로 이용하며 종자는 기름을 채취해 음식물에 이용한다. 각종 매운탕의 부재료로, 양념장 절임, 샐러드 등에 다양하게 이용된다. 밥이나 고기, 생선을 싸서 먹는 쌈용으로 이용하는데, 들깨는 혈액순환의 장애 방지, 미용, 강장에 효과가 있다.

들깨는 삼한시대 이전부터 재배한 것으로 보인다. 들깨는 단일성 식물로 장일조건을 만들어주어야 개화가 억제되고 들깻잎을 많이 생산할 수 있으며 만생종과 조생종으로 구분할 수 있다.

# 깻잎전

❶ 소고기는 핏물을 제거한다.
❷ 깻잎은 씻어서 물기를 제거한다.
❸ 소고기, 표고버섯, 양파는 곱게 다지고 두부는 물기를 제거한 후 으깨어 소금으로 고기양념하여 소를 만든다.

**고기양념** … 소금 1/2작은술, 간장 약간, 깨, 설탕, 다진 파, 다진 마늘, 참기름, 후춧가루, 깨

  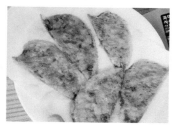

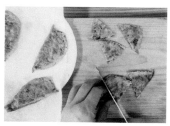

❹ 깻잎 앞면에 밀가루를 묻히고 소를 얇게 펴바른 뒤 반을 접어준다.
❺ 깻잎 전체에 밀가루, 달걀물을 입힌 뒤 번철에 기름을 두르고 속이 완전히 익도록 지진다.
❻ 접시에 담을 때는 반으로 잘라 먹기 좋게 담는다.
❼ 초간장을 곁들인다.

**초간장** … 간장 1큰술, 식초 1/2큰술, 설탕 1작은술, 물 1작은술

**재　　료** ··· 양파 1개, 소고기 20g, 밀가루 30g, 파·마늘 등 양념 적량

『한국음식』　　　 양파를 저며서 밀가루와 달걀을 씌워 지진 것

양파는 재배역사가 길지만 우리나라에는 조선시대 말엽 미국과 일본으로부터 도입된 것으로 추정된다.

당분이 약 10% 정도 들어 있고 성숙함에 따라 당분이 증가해서 단맛이 생긴다. 비타민이 풍부하여 비타민 C는 10~20mg%, 약간의 칼슘, 미량의 철분이 들어 있으며, 매운맛 성분은 propyl allyl disulfide 및 allyl sulfide이며 가열하면 자극적인 냄새와 매운맛이 없어지고 단맛이 증가한다. 항균작용과 함께 비타민 B1의 흡수를 돕는다. 이

런 매운맛 성분을 이용하면 육류의 좋지 못한 냄새와 맛을 없애는 데 효과적이며, 신선한 양파나 건조시킨 것을 물고기, 육가공품, 수프, 라면, 소스 등에 넣는다.

비늘줄기가 발달되어 색깔도 다양해서 흰 것, 노란 것, 붉은 것 등이 있다.

불고기양념, 전골채소, 볶는 요리에 사용하고 소스, 케첩의 원료로도 사용한다. 또한 샐러드나 향미채소로 쓰이는 데 마늘과 달리 가열 후에는 냄새가 남지 않아 서양요리에서 다양하게 많이 사용하는데, 특히 양파수프가 유명하다.

# 양파전

❶ 소고기는 핏물을 제거한다.
❷ 양파는 껍질을 제거하고 깨끗이 씻는다.
❸ 양파는 0.5cm 두께로 둥글게 썬다.
❹ 소고기는 곱게 다져 소금으로 고기양념하여 소를 만든다.

**고기양념** ⋯ 소금 1/2작은술, 간장 약간, 깨, 설탕, 다진 파, 다진 마늘, 참기름, 후춧가루, 깨

❺ 양파의 중심부를 떼어내 링 모양으로 만든 뒤 링의 안쪽에 밀가루를 바른다. (양파가 2겹 이상일 경우 꼬치로 고정하면 좋다.)
❻ 양념한 소고기를 양파 가운데의 빈 곳에 채워 넣는다.
❼ 전체적으로 밀가루, 달걀물을 묻히고 기름 두른 번철에 속이 완전히 익도록 지진다.
❽ 초간장을 곁들인다.

**초간장** ⋯ 간장 1큰술, 식초 1/2큰술, 설탕 1작은술, 물 1작은술

*Tip*

• 고기양념소에 양파 다진 것을 넣어도 좋다.

**재    료** ··· 애호박 1개, 소고기 30g, 달걀 1개, 밀가루 2큰술

『한국음식』 애호박을 통으로 얇게 썰어 밀가루와 달걀을 씌워 지진 것

애호박을 소금에 살짝 절인 후 밀가루와 달걀물을 문혀 기름에 지진 음식이다. 예부터 전은 혼인, 제사, 생일 등 잔칫상과 반상 등 모든 상에 빠지지 않고 오른 음식이다.
호박은 아메리카 대륙의 열대지방이 원산지라고 추정하는데 콜럼버스의 미 대륙 발견 후 스페인, 포르투갈, 네덜란드 사람들이 유럽, 중국, 동남아시아로 퍼뜨렸으며 우리나라에는 임진왜란 무렵에 들어온 것으로 보고 있다.
호박은 과채류이지만 미숙한 열매인 애호박은 부드러운 넝쿨순, 잎 그리고 꽃맺이까지 안 먹는 부분이 없을 정도이며 반드시 익혀서 먹는다.
애호박으로 할 수 있는 음식에는 호박나물, 호박선, 호박전, 호박지짐이, 호박찜, 호박김치, 호박찌개 등 아주 다양하다. 호박나물은 옅은 녹색이 상큼할 뿐 아니라 부드러워 질리지 않는다. 가늘게 채썬 호박나물을 국수장국이나 수제비 등의 고명으로 얹기도 한다.

# 호박전

**❶** 소고기는 핏물을 제거한다.
**❷** 호박은 두께 0.5cm 정도로 둥글게 썰어 가운데를 동그랗게 구멍을 파서 링모양을 만들고 소금을 살짝 뿌려둔다.

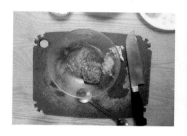  

**❸** 소고기는 곱게 다진 후 소금으로 고기양념하여 소를 만든다.
**❹** 호박의 물기를 제거하고 가운데 링 안쪽에 밀가루를 바른다.
**❺** 양념한 소고기를 링 안쪽에 채우고 전체적으로 밀가루, 달걀물을 입힌다.

**고기양념** … 소금 1/2작은술, 간장 약간, 깨, 설탕, 다진 파, 다진 마늘, 참기름, 후춧가루, 깨

**❻** 기름 두른 번철에 소가 완전히 익도록 양면을 노릇하게 지진다.
**❼** 초간장을 곁들인다.

**초간장** … 간장 1큰술, 식초 1/2큰술, 설탕 1작은술, 물 1작은술

**재　　료** … 연근 100g, 밀가루 2큰술, 간장 약간, 참기름 약간

『한국요리백과사전』 삶은 연근을 둥글게 썰어서 간장과 기름에 밀가루즙 넣은 것을 발라 기름에 지진 것

연근은 아삭아삭 씹히는 감촉이 좋고, 썬 단면이 문양을 이루고 있어 맛도 좋지만 보기도 좋은 뿌리채소이다. 연근이란 연꽃의 뿌리로 원산지는 중국으로 추정된다. 장기간 저장이 가능하여 일 년 내내 구할 수는 있으나 가을에서 겨울에 가장 맛이 좋다. 당질은 15%인데 대부분 인, 전분이고 단백질, 무기질, 비타민은 적은 편이다. 연근을 고를 때는 곧고 무거운 것으로 상처가 없는 말끔한 것이 좋다. 껍질을 벗겨서 그대로 두면 갈색으로 변하므로 바로 식초물에 담가두면 변색하지 않고, 데칠 때도 식초를 약간 넣는다.
원산지가 중국인 연근은 다년생 수생식물로 땅속으로 길게 뻗어가 끝에 덩이줄기를 형성한다. 우리나라에서 재배되고 있는 연근은 인도에서 유래한 것으로 한국 재래종과 일본종이 이에 속한다.

뿌리는 조리하는 외에도 생식하고 열매는 생식, 당절임하기도 하며, 잎은 육류를 삶을 때 포장용으로 사용한다.
연근으로 만든 음식은 그리 많지 않지만 데쳐서 꿀이나 조청을 넣고 발그스름한 색이 날 때까지 서서히 조려 연근정과를 만들기도 한다. 꼬득꼬득하고 씹히는 질감도 좋고 모양이 예뻐서 여러 정과를 만들 때 빠뜨리지 않고 만든다. 전을 하려면 얇게 썰어 데친 뒤 간장과 참기름 섞은 묽은 밀가루즙을 씌워 기름을 두르고 지지는데 달걀을 씌운 전보다 담백하고 씹히는 질감이 아작아작하고 맛이 유별나다. 섬유질이 억세므로 삶아서 써야 한다.
연근은 알칼로이드, 플라보노이드, 폴리페놀 화합물 등 다양한 생리활성 물질을 함유하여(Sridhar KR와 Bhat R, 2007) 혈압 강하, 당뇨병 예방, 항암, 신장보호, 산화방지 효과(Cho SI와 Kim HW, 2003; Park SH 등, 2005; Ko BS 등, 2006; Lee JJ 등, 2007) 등이 있는 것으로 보고되어 있다.

# 연근전

❶ 연근은 껍질을 벗기고 식초물에 담근다.
❷ 연근은 0.5cm 정도의 두께로 썰어 식초를 약간 넣은 물에 담갔다가 끓는 물에 데친다.
❸ 데쳐낸 연근의 물기를 제거하고 밀가루를 고루 묻힌다.

❹ 연근을 밀가루집에 넣었다가 건져서 기름 두른 번철에 노릇하게 지져낸다.
❺ 초간장을 곁들인다.

**밀가루집** ··· 밀가루 1컵, 물 2/3컵, 간장 2큰술, 참기름 2작은술

**초간장** ··· 간장 1큰술, 식초 1/2큰술, 설탕 1작은술, 물 1작은술

**재　　료** … 녹두 간 것 3컵, 양파 1/3개, 김치 100g, 돼지고기 간 것 80g,
숙주 100g, 실파 30g, 다진 마늘, 다진 파, 참기름, 깨, 후춧가루, 소금

빈대떡의 유래는 한편으로 보면 빈자들이 먹는 떡이 맞을
듯도 하지만 예전의 빈대떡 쓰임새를 보면 그렇지 않다.
서울에서는 예전에 큰상이나 제상에 전을 고일 때 빈대떡
이나 밀적을 부쳐서 아래 고이고 그 위에 생선전, 간전, 산
적을 얹었다. 빈대떡의 지름이 한 뼘이 될 만큼 컸다.
옛 음식책에서는 빈대떡이 대부분 찬이 아니고 떡류에 들
어 있다. 빈대떡은 1670년대의 『음식디미방』에 처음 나오
며, 방신영의 『조선요리제법』에서는 '빈자떡'이라 하였다.

지금은 지방마다 같은 빈대떡이라도 넣는 재료와 크기가
다르다. 평안도 지방에서는 돼지고기와 나물거리를 큼직
하게 썰어서 녹두 간 것 위에 얹어 두툼하고 큼직하게 부
치고, 서울에서는 돼지고기와 나물을 잘게 썰어서 손바닥
만 하게 작게 부친다. 요즘에는 썰면 모양이 그리 좋지 못
하므로 아예 한입에 먹기 좋은 크기로 앙증맞게 부치기도
하는데 보기는 좋지만 푸짐한 맛은 없다.

# 녹두빈대떡

❶ 녹두는 물에 3시간 이상 담가 불린 후 껍질을 제거한다.
❷ 믹서기에 물을 최소한으로 넣고 녹두를 갈아주고, 양파도 믹서기에 갈아준다.
❸ 녹두 간 것은 양파 간 것으로 농도를 조절한다.
❹ 소금으로 간을 한다.

❺ 김치는 다져서 물기를 제거하고 소금, 참기름, 깨로 양념한다.
❻ 숙주는 끓는 물에 소금을 약간 넣고 데쳐서 다진 후 물기를 제거한다. 소금, 참기름, 깨로 양념한다.
❼ 간 돼지고기에 간장, 다진 파, 다진 마늘, 참기름, 깨, 후춧가루로 간을 하여 재워둔다.
❽ 김치, 숙주, 돼지고기를 섞어주고 참기름, 깨, 다진 파, 다진 마늘로 양념한다.

❾ 팬에 기름을 두르고 반죽, 소, 반죽 순으로 놓고 양면이 노릇하도록 지져준다.
❿ 초간장을 곁들인다.

**초간장** ··· 간장 1큰술, 식초 1/2큰술, 설탕 1작은술, 물 1작은술

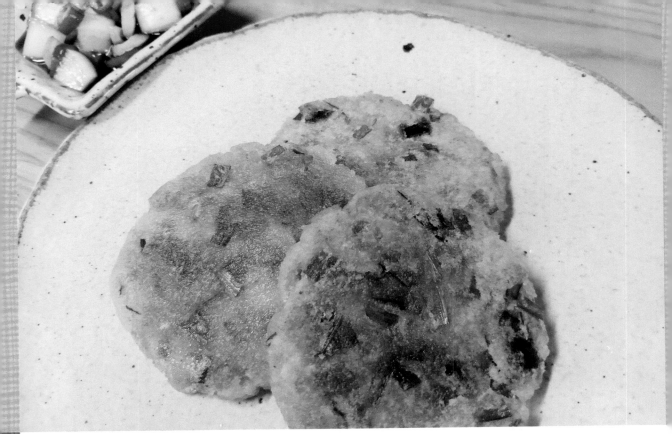

재    료 ··· 감자 200g, 양파 1/3개, 녹말가루 1/3컵, 부추 10g, 소금, 식용유

감자는 쌀, 보리를 재배하기 힘든 지역에서 많이 재배하였고, 쌀이 많이 나는 지역에서는 부식이나 간식으로 사용되었다. 우리나라에서는 강원도에서 감자가 가장 많이 생산되고 있다.

감자전은 간 감자 건더기와 가라앉힌 앙금에 소금을 넣어 반죽하고 팬에 지진 전으로 강원도의 향토음식이다. 강원도의 감자전은 감자와 소금만으로 만들지만 근래에는 기호에 따라 부추, 당근, 버섯, 양파 등을 넣어 부치기도 한다.

# 감자전

❶ 감자는 물을 조금 넣고 갈아서 체에 밭쳐두었다가 물기를 짜고, 가라앉은 전분과 간 양파로 농도를 조절한다.
❷ 농도가 너무 묽을 경우에는 녹말가루를 첨가한다.

❸ 부추는 짧게 잘라 반죽에 섞고 소금으로 간을 한다.
❹ 팬에 기름을 두르고 앞뒤로 노릇하게 지진다.
❺ 초간장을 곁들인다.

Tip
• 초간장에 양파, 풋고추 등을 썰어 넣고 감자전과 함께 먹기도 한다.

**재    료** ··· 마늘종 100g, 다진 쇠고기 150g, 밀가루, 식용유, 계란 1개

마늘은 우리나라 음식에 거의 빠지지 않고 들어가는 양념으로 뿌리의 비늘줄기뿐만 아니라 연한 잎과 마늘종도 양념해서 찬으로 먹는다. 풋마늘은 연하면 잎이 붙은 채로 된장이나 고추장을 찍어서 먹기도 하지만 썰어서 된장찌개에 넣거나, 쇠고기와 번갈아 꼬치에 꿰어 산적을 만든

다. 간장을 부었다가 깨소금, 참기름을 넣고 무쳐서 장아찌처럼 먹기도 한다. 오월쯤에는 마늘에서 꽃대가 올라오는데 이를 따서 짧게 끊어 기름에 볶거나 쪄서 양념장으로 무치면 밥반찬으로 좋다.
마늘종전은 연한 마늘종을 이용하여 만든 전이다.

# 마늘종전

❶ 마늘종은 줄기만 다듬어 7~8cm 길이로 자른다.
❷ 마늘종은 끓는 물에 소금을 조금 넣고 데쳐 헹군 후 물기를 제거한다.
❸ 마늘종은 길이로 반을 가른다.
❹ 다진 소고기를 양념하여 끈기가 나도록 치댄다.

**고기양념** … 간장, 소금, 다진 마늘, 다진 파, 깨, 참기름, 후추

❺ 비닐이나 종이호일 위에 고기를 얇게 펴고 밀가루를 뿌린다.
❻ 반으로 가른 마늘종을 6~7개 얹고 사이를 조금 띄워서 다시 마늘종을 얹는다.
❼ 고기를 마늘종과 함께 자르고 고기에만 밀가루를 묻힌 후 앞뒤로 계란물을 입힌다.
❽ 팬에 기름을 두르고 고기속까지 익혀준다.

> **Tip**
> • 마늘종을 고기 위에 얹을 때 마늘종보다 고기를 더 크게 해야 익은 후 마늘종과 고기의 크기가 비슷하게 된다.

재　　료 … 김치 300g, 밀가루 2컵, 참치(캔) 1개, 고춧가루 1큰술, 김칫국물 4큰술,
양파 1/2개, 맛술 3큰술, 오징어(또는 한치) 1마리, 다진 마늘, 다진 파,
참기름, 깨소금, 설탕 약간, 후춧가루

김치전은 김치를 주재료로 해서 만든 전으로 가정에서 손
쉽게 만들 수 있는 음식이다.
김치는 인류가 농경을 시작하여 곡물을 주식으로 삼은 후
부터 만들어 먹기 시작하였다. 채소는 저장이 어려우므로
소금에 절이거나 장, 초, 향신료 등과 섞어두었다가 새로

운 맛과 향이 생기게 하는 저장법을 개발했는데 이것이 김
치류이다. 국어학자 박갑수에 의하면 '침채'가 '팀채'가 되
고, 이것이 '딤채'로 변하고 구개음화하여 '김채', 다시 '김
치'가 되었다고 한다.

# 김치전

❶ 파, 마늘은 곱게 다지고 김치, 양파는 굵게 다진다.
❷ 참치는 체에 밭쳐 기름을 제거한다.
❸ 오징어는 껍질을 제거하고 손질한 후에 5cm 길이로 채썬다.

❹ 재료를 모두 넣고 다진 파, 다진 마늘, 참기름, 깨소금, 설탕, 후춧가루로 양념을 한다.
❺ 농도를 보면서 물을 약간 첨가한다.
❻ 팬에 기름을 두르고 앞뒤로 노릇하게 지진다.
❼ 초간장을 곁들인다.

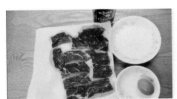

**재    료** ⋯ 소고기 50g, 밀가루, 식용유, 계란 1개

전(煎)은 일반적으로 고기, 채소, 생선 등의 재료를 다지거나 얇게 저며서 밀가루, 달걀로 옷을 입혀 번철에 기름을 두르고 양면을 지져내는 것을 말한다.

전에 쓰이는 육류는 쇠고기를 비롯하여 천엽, 간, 양, 부아 등 내장육도 고루 이용한다. 쇠고기는 얇게 떠서 그대로 육전을 부치기도 하고 곱게 다져서 두부와 합하여 동글납작한 완자로 빚어서 지지기도 한다. 내장육은 깨끗이 손질하여 냄새를 없애고 각기 특성에 맞게 처리하여 지진다. 이 밖에도 돼지고기, 토끼고기, 사슴고기 등이 쓰인다.

# 육전

❶ 소고기는 얇게 썬 것을 준비한다.
❷ 소고기의 핏물을 제거하고 양념장을 소고기 표면에 뿌린 후 재운다.

**양념장** ⋯ 간장 1작은술, 맛술 1작은술, 참기름 1작은술, 후춧가루 약간

❸ 팬에 기름을 조금 두르고 계란에 소금을 약간 넣어 풀어놓는다.
❹ 소고기에 밀가루, 계란물 순으로 묻힌 후 팬에 앞뒤로 노릇하게 익힌다.
❺ 초간장을 곁들인다.

**초간장** ⋯ 간장 1큰술, 식초 1/2큰술, 설탕 1작은술, 물 1작은술

# 채 · 회

제 **12**장　채 · 회

## 1. 생채 · 숙채

### 1) 한국음식 : 역사와 조리

나물 : 일명 숙채. 채소를 기름에 볶아 양념한 것. 또는 채소를 데쳐서 양념에 무친 것. 반찬으로 많이 쓰임

생채 : 채소를 날것대로, 혹은 소금에 절여 양념에 무친 것. 무치는 양념에 따라 고춧가루, 간장, 참기름, 다진 파 · 마늘, 설탕, 식초 등으로 무친 것, 초간장에 무친 것, 겨자즙에 무친 것, 호두, 실백즙에 무친 것 등으로 나눠. 소금에 절인 후 무친 것은 겉물기는 적으나 시원한 맛이 적고, 비타민 C, 당분 등의 손실이 많음. 겨자즙이나 잣즙, 호두즙에 무칠 경우에는 채소 외에 전복, 편육, 닭고기, 밤, 배, 알지단 등을 섞음

우리 조상들은 곡식이 여물지 않아 생기는 굶주림을 기(飢), 채소가 자라지 않아 일어나는 굶주림은 근(饉)이라 하여 5곡 이외에도 채소의 중요성을 강조하면서 집 부근에 채소밭을 만들고 채소를 심어 일상의 반찬으로 하며 채식 위주의 생활을 해왔다(허균 등, 1984).

채소류의 기능성 성분은 비타민과 무기질, 식물성 식이섬유와 식물성 유용성분들이다.

국, 김치, 나물, 찌개 등 각종 반찬의 원료가 되는 채소류는 곡류와 더불어 우리의 전통식사를 서구식사와 구별짓게 하는 중요한 식품이다. 우리나라에서 상용되는 채소는 도라지, 고사리 등의 산나물, 고들빼기, 냉이, 달래 등의 들나물, 가지, 호박, 오이 등의 재배채소들과 발아시켜서 나물로 쓰는 콩나물, 숙주나물 등으로 그 종류가 다양하고 많으며 조리법도 다양하다.

나물은 채소, 산나물, 들나물 뿌리 등을 데치거나 삶거나 찌거나 볶아서 갖은양념에 무친 것으로 재료에 따라 조리법과 양념이 다르다. 즉 무침나물과 볶음나물로 나눈다. 무침나물은 채소를 찌거나 데친 후 소금이나 간장 또는 고추장으로 간을 맞추고 파, 마늘, 깨소금, 들깻가루, 참기름, 고춧가루 등의 양념을 넣어 양념이 나물에 잘 배도록 무쳐낸 것이다. 빛을 깨끗하게 하기 위해 깨소금 대신 잣가루, 간장 대신 소금을 쓰고 손으로 주물러 손맛과 정성이 들어가는 음식이다.

볶음나물은 채소를 날것 그대로 또는 1~2%가량의 소금에 절여서 꼭 짠 것, 또는 데친 것을 기름에 볶아서 갖은양념을 한 것이다.

생채와 숙채는 우리 음식의 부식 중 가장 근본적이고 대중적인 음식이다. 생채는 제철의 채소를 날것 그대로 또는 소금에 절인 다음 양념에 무친 것으로 생채의 양념에는 식초와 설탕이 들어가는 것이 특징이다.

1882년 『다례상발기(茶禮床發記)』에는 나복생채가 보이며, 『시의전서』에서 도랏생채, 외생채, 무생채 등을 설명하고 있다. 생채의 종류에는 무생채, 도라지생채, 갓채, 더덕생채, 오이생채, 오이노각생채, 겨자채, 초채 등이 있다.

## 2. 회

사찰에서의 회는 일반 가정과는 달리 주로 식물성 식품을 살짝 데쳐서 초고추장을 찍어 먹는 것을 말한다.

종류로는 표고버섯회, 팽나무버섯회, 느타리버섯회, 능이버섯회, 미나리회, 생미역회, 두릅회 등이 있다.

Memo

**재　　료** … 오이 1개, 소금 5g, 고춧가루 20g, 설탕 5g, 식초 5ml, 파 · 마늘 등 양념 적량

『시의전서』　　오이를 동글납작하게 썰어 소금에 절였다가 물에 헹구어 짜서, 소고기 볶은 것과 초장양념으로 무친 것

오이는 인도가 원산지이며 우리나라에 들어온 경로는 확실하지 않으나 상당히 오래전부터 재배해 왔다. 히말라야 산맥 근처에는 노랗게 익은 야생의 큰 오이가 아주 많다고 한다. 오이는 되도록 곧고 너무 굵지 않은 것으로 골라야 하며 껍질에 돋은 가시가 날카로운 것이 싱싱하다. 오이지 담글 오이는 연한 색에 도톰하고 작은 재래종으로 꼭지가 마르지 않은 것을 고른다. 씻을 때 소금으로 문질러 씻으면 사이사이에 낀 더러운 것도 씻기고 색도 선명해진다. 오이는 막대모양으로 썰어 쌈장이나 고추장에 찍어서 여

름 찬으로 먹어도 좋고, 썰어서 초장이나 드레싱을 뿌려 샐러드처럼 먹기도 하며 생채와 나물도 만든다.

지금은 오이를 익혀서 먹는 경우가 거의 없지만 예전에는 오이를 넣은 고추장찌개나 지짐이, 찜을 많이 해서 먹었다. 오이를 찌개에 넣으면 국물이 시원하고 오이살이 무르지 않아서 좋다.

옛 음식책에는 옛날 오이인 외로 만든 음식이 많이 나온다. 그중 『조선무쌍신식요리제법』에 나오는 '황과선'은 "늙지 않은 누른 외를 꼭지를 따고 깨끗이 씻어서 물 한 사발과 초 한 사발을 타서 삶아 외가 무를 만하면 꺼내어 채반에 놓았다가 마늘, 소금을 넣고 질그릇에 절였다가 먹는다"고 하였으니 삶았다가 말려서 담근 초장아찌와 같다.

# 오이생채

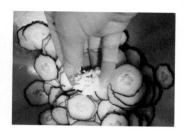

❶ 오이는 소금으로 문질러 깨끗이 씻는다.
❷ 오이는 0.2cm 두께의 원형으로 일정하게 썰어서 소금을 뿌려 살짝 절인다.

❸ 오이는 물에 헹군 후 물기를 제거한다.
❹ 다진 파 · 마늘, 설탕, 깨소금, 식초 등을 넣어 양념을 만든다.
❺ 오이에 고운 고춧가루를 뿌려 미리 물을 들인다.
❻ 오이에 양념을 조금씩 넣어가며 무쳐낸다.

*Tip*

• 생채는 상에 내기 직전에 무쳐야 물이 생기지 않는다.

**재    료** … 죽순 100g, 건표고버섯 1개, 달걀 1개, 소고기 50g, 숙주 50g, 미나리 30g, 홍고추 1/2개, 파·마늘 양념 적량

「한국민속종합조사보고서」, '전남편'     펑고기 살을 다져서 소금으로 양념하여 볶다가, 죽순, 표고, 석이, 풋고추 등을 넣고 같이 볶아 소금으로 간을 맞추고, 밀가루를 엷게 풀어서 넣고 익힌 것

죽순채는 봄에 나는 햇죽순을 삶아 볶아서 데친 숙주와 미나리, 볶은 소고기를 한데 넣어 새콤한 초간장으로 무친 음식으로 산뜻하며 봄철에 입맛을 돋워준다. 죽순찜은 반으로 가른 죽순의 등에 칼집을 넣어서 다진 소고기를 채워 넣고 슴슴한 장국에 끓인다. 죽순회는 삶은 죽순을 얇게 썰어서 초장이나 초고추장을 찍어 먹는다. 봄비가 내리고 난 다음날 대밭에 나가보면 보이지 않던 순이 여기저기 솟아나온 것을 볼 수 있는데, '우후죽순'이란 말은 여기에서 나왔다. 순은 열흘 간격을 뜻하는 말로 솟아나온 지 열흘 된 죽순을 먹을 수 있어 붙여졌다 한다. 제철이 아닐 때는 통조림을 쓰는데, 우리나라 것이 제일 연하고 맛있다. 5월 초순부터 한 달쯤 나오는 분죽의 죽순은 가장 맛이 좋은 재래 죽순이다. 죽순의 감칠맛 성분은 아스파라긴, 티로신, 글루타민 등의 아미노산 복합체로 단백질이 2.5%나 들어 있고 비타민 B군과 C, 식이섬유가 많이 들어 있

다. 한방에서는 소갈증을 다스리고 이뇨작용을 도우며 거담, 불면증, 주독을 풀어주는 데 효과가 있다고 한다. 향기와 맛을 그대로 보존하려면 되도록 빨리 삶아서 냉장보관하여 쓰는 것이 좋다. 예전에는 소금에 절이거나 말려서 저장하기도 했다. 죽순을 삶으려면 우선 껍질 있는 원뿔형 죽순의 위 1/3 정도 부분을 사선으로 도려내고 살이 닿지 않도록 세로로 칼집을 넣는다. 큰 솥이나 냄비에 죽순을 담고 충분히 잠길 만큼 물을 부어 쌀겨 한두 컵과 마른 고추 두세 개를 넣고 끓인다. 죽순의 크기나 분량에 따라 약간 다르지만 한두 시간 정도 끓여서 불을 끄고 그대로 두어 식힌다. 완전히 식은 후에 건져서 칼집을 조심스럽게 벌리면서 껍질을 벗겨내면 안에 하얀 살이 나온다. 이것을 찬물에 30분 이상 담가두었다가 쓴다. 『조선무쌍신식요리제법』에서는 "묵은 죽순일 때에는 박하를 조금 넣어 삶으면 억세지지 않으며, 고기와 같이 삶으면 박하를 넣지 않아도 억세지지 않는다. 연한 죽순이라도 박하와 소금을 조금씩 넣거나 갯물에 삶아도 괜찮다"고 하여 삶을 때 박하를 권하고 있다.

# 죽순채

❶ 소고기는 핏물을 제거한다.
❷ 죽순은 빗살무늬로 채썰어 물에 담갔다가 물기를 제거한다.
❸ 소고기와 표고버섯은 채썰어 고기양념한다.
❹ 숙주는 거두절미하여 데친 후 물기를 제거한다.
❺ 홍고추는 4cm로 채썰고 미나리도 데쳐서 같은 크기로 썬다.

**고기양념** ··· 진간장 1큰술, 설탕 1/2큰술, 다진 파 · 다진 마늘 · 참기름 · 깨 · 후춧가루 적량

❻ 번철에 기름을 두르고 죽순, 버섯, 소고기를 볶아 각각 헤쳐 식힌다.
❼ 재료에 깨소금, 초장(간장 1 : 설탕 1 : 식초 1 : 물 1)을 넣어 무쳐준다.
❽ 접시에 담고 달걀지단을 고명으로 얹는다.
❾ 여름엔 얼음을 깔고 담아도 좋다.

재　　료 ··· 우엉 400g, 당근 50g, 표고버섯 4개, 마늘종 50g, 쇠고기 200g, 간장,
설탕, 통후추, 깨소금, 참기름

우엉은 유럽, 시베리아, 만주 등지에 야생하며 뿌리가 길
쭉하고 줄기는 1.5m가량이나 자라며 뿌리만 먹는 것과 잎
과 줄기를 먹는 것 두가지가 있다. 당질, 식이섬유가 많이
함유되어 있고 무기질 중에 인, 칼륨이 많다. 떫은맛이 많
아서 가늘게 썬 것은 물에 15분 이상 담갔다가 쓰고 조리
려면 끓는 물에 한 번 데친다. 껍질을 벗기거나 잘라두면
검은색으로 변하는데 우엉에 있는 폴리페놀옥시다제의 작

용 때문이다. 껍질을 벗겨서 식초를 탄 물에 담가두면 산
화 효소의 작용을 억제하고, 타닌 성분이 식초에 녹아 나
와 떫은맛이 없어지며 색도 희게 변한다. 초여름에 나오
는 햇우엉은 껍질을 수세미로 문질러서 그대로 음식을 만
들 수 있으나, 묵은 것은 칼등으로 긁어내고 물에 담갔다
가 만든다. 토막내서 조리거나 가늘게 채썰어 기름에 볶아
서 찬을 한다.

# 우엉잡채

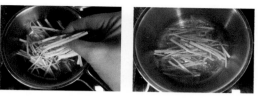

① 우엉은 껍질을 벗겨 5cm 길이의 굵은 채로 썰어 식초물에 담갔다가 끓는 물에 데친다.
② 당근은 우엉과 같은 크기로 잘라 끓는 물에 데친다.
③ 마늘종은 길이로 반 갈라 소금을 조금 넣고 기름 두른 팬에 볶는다.

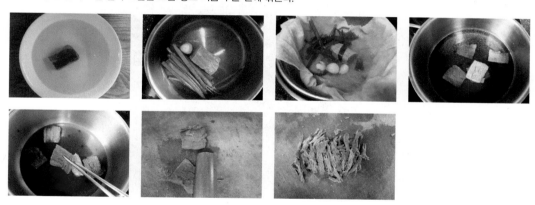

④ 표고버섯은 물에 불려 채썬다.
⑤ 쇠고기는 핏물을 제거하고 끓는 물에 삶은 후 간장, 설탕, 통후추를 넣고 장조림을 만든다.
⑥ 고기는 방망이로 두드려 부드럽게 한 후 결대로 찢는다.

⑦ 팬에 기름을 넉넉히 두르고 우엉을 볶는다.
⑧ 장조림 간장물을 넣고 조리다가 표고버섯, 고기, 당근, 마늘종을 넣고 조린다.
⑨ 참기름, 깨소금을 넣는다.

재      료 … 소고기 50g, 석이버섯 5장, 오이 1/2개, 밀가루 50g, 당근 50g,
식용유 1큰술, 달걀 1개, 파 · 마늘 등 양념 적량, 숙주 50g, 건표고 2개

우리나라 사람은 예부터 구(九)자를 재수가 좋은 숫자로
여겼다. '구절판'은 팔각으로 된 나무그릇으로 가운데에 작
은 팔모의 틀이 있어서 칸이 모두 아홉 칸으로 나뉜다.
지금은 구절판이라 하면 그릇보다는 담긴 음식을 가리키
게 되었는데 가장자리 여덟 칸에는 고기와 전복, 해삼, 채
소 등을 각각 채썰어 익혀서 담고 가운데 칸에 얇게 부친
밀전병을 담아서, 먹는 사람이 밀전병에 여러 가지를 놓고
싸 먹는 일종의 밀쌈이다.

구절판에 마른안주를 담은 것을 건구절판이라 하는데 여
러 육포와 새우, 어포, 어란 등 마른안주를 주위에 담고 중
앙에는 생률을 담아 주안상에 낸다. 진구절판은 가운데 밀
전병을 놓고 가장자리에 찬을 담은 것을 말한다.
구절판은 그릇도 호화롭고 담긴 음식이 다채로워 교자상
이나 주안상을 화려하게 꾸며준다. 맛이 담백하여 전채음
식으로 적합하다.

# 구절판

❶ 소고기는 핏물을 제거한다.
❷ 석이버섯은 불린다.
❸ 밀가루에 물과 소금을 넣고 풀어서 체에 걸러둔다.
❹ 팬을 달군 뒤 불을 약하게 하고 밀전병을 얇게 부친다.

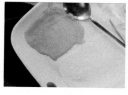   

❺ 숙주는 거두절미하여 데치고 오이와 당근은 5×0.2×0.2cm로 채썰어 소금에 절인 후 물기를 제거한다.
❻ 표고버섯과 소고기도 5×0.2×0.2cm로 채썰어 고기양념한다.
❼ 불린 석이버섯은 이끼를 제거한 후 채썰어 소금, 참기름으로 간한다.
❽ 달걀은 황·백지단을 부쳐 5×0.2×0.2cm로 채썬다.
❾ 밀전병, 숙주, 오이, 당근, 버섯, 소고기 순으로 볶아서 식혀준다.
❿ 비슷한 색이 옆으로 오지 않도록 담는다.

*Tip*
• 밀전병은 속이 비칠 정도로 얇게 부친다.
• 겨자장을 곁들인다.

**재    료** ⋯ 소고기 80g, 애호박 1개, 표고버섯 2개, 느타리버섯 150g, 홍고추 1/2개, 찹쌀가루 1컵, 달걀 1개, 파 · 마늘 양념 적량

『향토요리 모음』　　　애호박, 양파, 당근, 느타리버섯을 각각 데 쳐 볶은 것에 밀전병을 부쳐 채친 것을 섞어 갖은양념을 하여 지 단을 얹은 것

────

『시의전서』에 호박나물 만드는 법이 나오는데, "어린 애호 박을 엽전처럼 썰고 파와 새우젓을 다져 넣고 볶는다. 솥 에 기름을 둘러가며 조금씩 넣어 익는 대로 호박을 꺼내야

뭉그러지지 않는다. 뚜껑을 덮으면 호박이 물러지고 물이 나와 좋지 않다"고 하였다. 오래전부터 새우젓과 호박이 궁합이 잘 맞는 식품이었음도 알 수 있다. 옛날 음식책에 '월과채'가 나오는데 찰전병을 지져서 섞은 호박나물을 말 한다. 찹쌀가루를 얇게 지져 굵게 채 쳐서 호박에 섞는데 쫄깃한 전병과 무른 호박이 의외로 잘 어울린다.

*Tip*

• 찰전병은 잘라서 재료와 함께 초간장으로 버무리거나 찰전병에 재료를 넣고 말아서 한입 크기로 썰기도 한다.

# 월과채

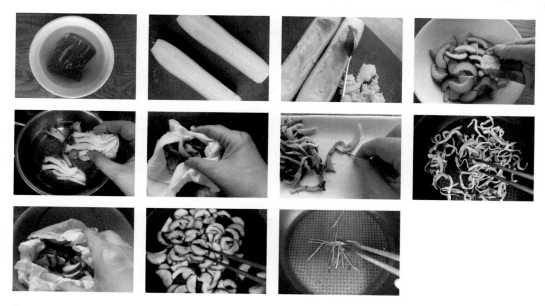

❶ 소고기는 핏물을 제거한다.
❷ 애호박은 길이로 반을 갈라 속을 파낸다.
❸ 애호박은 눈썹모양으로 썰어 소금에 절였다가 물기를 제거한 후 번철에 볶아낸다.
❹ 느타리버섯은 데쳐서 잘게 찢은 후 소금, 다진 파, 다진 마늘, 참기름, 깨로 양념하여 볶아 식힌다.

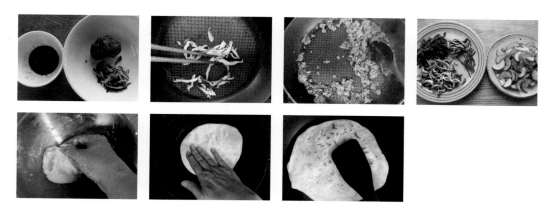

❺ 채썬 표고버섯과 다진 소고기는 고기양념 후 볶아 식힌다.
❻ 찹쌀가루는 소금을 넣고 익반죽하여 밀대로 얇게 밀어서 기름 없는 팬에 팬에 노릇하게 지져낸다.

**고기양념** … 간장 2작은술, 설탕 1작은술, 깨, 참기름, 후추, 다진 파, 다진 마늘

❼ 찰전병은 1.5cm 폭으로 썰어서 접시 둘레에 담고 재료는 모두 섞어 초간장으로 버무린 후 가운데 담는다.
❽ 달걀지단채를 고명으로 얹는다.

**초간장** … 간장 1큰술, 설탕 1큰술, 식초 1큰술, 물 1큰술

**재　　료** … 오이 2개, 소금 2작은술, 실고추 1g, 파 · 마늘 등 양념 적량

『한국음식』　　오이를 채썰거나 얇게 저며서 소금에 절여 눌렀다가 꺼내어 참기름에 파랗게 볶아서 다진 파, 마늘, 깨소금, 설탕으로 조미한 나물

오이의 종류에는 여러 가지가 있으나 황과(黃瓜: 외)가 지금의 오이를 말하며 '호과'라고도 한다. 우리가 보통 먹는 오이는 녹색의 여물지 않은 것이고, 껍질이 누렇게 익을 때까지 둔 것은 '노각'이라고 한다. 오이는 성분 중 수분이 95%가 넘는 채소로 영양가는 낮지만 칼륨이 많은 알칼리성 식품이면서 비타민 C가 많다. 오이의 상쾌한 향기는 '오이 알코올'이라는 성분 때문이다. 오이의 쓴맛을 내는 엘라테린(elaterin)이라는 성분은 소화 건위작용을 한다. 중국에는 오이를 먹으면 미인이 된다는 말이 있으며 미인은 언제나 오이 냄새가 난다고 하여 여성들이 생오이를 가슴에 품고 다닌 일까지 있었다고 한다.

오이는 막대모양으로 썰어 쌈장이나 고추장을 찍어서 여름 찬으로 먹어도 좋고, 썰어서 초장이나 드레싱을 뿌려 샐러드처럼 먹기도 하며 생채와 나물도 만든다. 두고 먹을 찬으로는 오이갑장과, 오이장아찌, 오이지 등이 있고, 김치로는 오이깍두기와 오이소박이가 있다. '오이선'은 만드는 데 공이 많이 들지만 보기도 좋고 맛도 상큼하여 좋아하는 사람이 많다.

오이나물은 산뜻하고 아삭아삭 씹는 맛이 아주 좋다. 얇게 썰어서 절였다가 기름을 두르고 센 불에 재빨리 볶으며, 소고기를 넣기도 한다. 볶아서 바로 넓은 그릇에 펴서 식혀야 색이 곱다.

# 오이나물

❶ 오이는 소금으로 문질러 깨끗이 씻는다.
❷ 오이는 0.3cm 두께로 얇게 썰고, 소금을 뿌려서 절인다.

❸ 오이가 절여지면 물에 헹구어 물기를 제거한다.
❹ 파, 마늘을 곱게 다지고 실고추는 3cm 길이로 짧게 끊어 놓는다.
❺ 번철에 기름을 두르고 오이를 볶다가 다진 파, 마늘, 참기름, 깨소금, 실고추를 넣고 재빨리 볶은 후 펴서 식힌다.

**재　　료** … 삶은 고사리 200g, 깨, 참기름, 청장, 설탕, 다진 파, 다진 마늘, 후춧가루

고사리는 예부터 잔칫상이나 제사상에 삼색나물을 갖추는 데 갈색 나물로 반드시 올라간다.

삼색나물은 백색, 갈색, 청색의 세 가지 채소를 양념하여 무치거나 볶은 나물로 한국음식의 대표적인 채소음식이며, 생일, 제사, 잔치 등에 빠지지 않는다.

삶은 고사리와 양념한 쇠고기를 함께 볶는 나물로 고사리 대신 고비도 같은 방법으로 한다.

궁에서는 고사리에 쇠고기를 넣지만 일반에서는 넣지 않는다.

날것에는 유독성분이 있으나 삶거나 우려내고 씻어 나물을 하기 때문에 별 문제는 없다.

# 고사리나물

❶ 마른 고사리는 물에 담가 불린 후 부드러워질 때까지 삶아준다.

❷ 삶은 고사리는 단단한 줄기부분을 제거하고 5cm 길이로 자른다.
❸ 고사리에 양념을 해둔다.

**양념장** … 청장 2큰술, 설탕 1/2작은술, 다진 파, 다진 마늘, 후춧가루, 참기름

❹ 냄비에 기름을 두르고 고사리를 볶다가 물을 2큰술 정도 넣고 뚜껑을 덮어 약불로 익힌다.
❺ 국물이 조금 남으면 깨, 참기름을 넣고 고루 섞는다.

**재    료** ⋯ 콩나물 100g, 청장 1/2큰술, 깨, 참기름, 파, 마늘, 고춧가루 1작은술

콩나물로 쓰기에 적합한 것은 쥐눈이콩, 기름콩 등 알맹이가 작은 흰콩이다. 콩의 원산지는 고구려 조상이 살던 만주지방이며, 야생콩을 재배하여 먹기 시작한 것도 우리 조상이다.

우리나라에서는 상고시대부터 콩나물이 있었으리라 생각되지만, 문헌에는 고려 고종 때 『향약구급방』에 콩을 싹트게 한 대두황권을 햇볕에 말려 약으로 썼다는 기록이 있다.

콩나물을 이용한 음식은 전라북도에서 특히 발달했으며 익산 지방의 콩나물김치는 유명하다. 또 콩나물과 엿을 사기그릇에 담아서 아랫목에 묻어두었다가 삭힌 액은 감기 몸살에 효과가 있다고 한다.

콩나물은 주로 삶아서 양념을 넣고 무치는데 1940년대 음식책에서는 콩나물을 삶지 않고 날것에 기름을 두르고 볶는다고 하였다.

# 콩나물

❶ 콩나물은 깨끗이 씻어 냄비에 물과 소금을 약간 넣고 뚜껑을 덮어 익힌다.

❷ 물은 따라 버리고 콩나물에 양념한다.
양념 ⋯ 청장 1/2큰술, 깨, 참기름, 파, 마늘, 고춧가루 1작은술

Tip    • 콩나물을 찬물에 헹군 후 양념하면 콩나물의 식감이 더 아삭해진다.

**재　　료** ⋯ 도라지 200g, 청장 1작은술, 소금 1큰술, 참기름 1큰술, 깨, 다진 파,
다진 마늘, 물 3큰술, 식용유 1큰술

도라지나물은 생도라지 또는 말린 도라지를 불려서 양념
하여 볶아 나물을 만든다.
도라지 날것은 가늘게 갈라서 생채나 나물을 만드는데 쓴
맛이 있으므로 소금을 뿌려서 주무른 다음 씻어서 조리한
다. 명절이나 제사 때 삼색나물 가운데 흰색으로 반드시
들어가는 나물이다.

도라지는 모양이 인삼과 비슷하고 인삼처럼 사포닌이 들
어 있지만 효능이 약간 다르다.
도라지에 들어 있는 사포닌은 기관지 점막의 분비작용을
도와 가래를 없애주며 이외에도 이눌린 등의 성분은 기침,
가래, 해열 등에 효과가 있다고 한다.

# 도라지나물

❶ 도라지는 씻어서 길이로 썰어 소금에 주물렀다가 쓴맛을 제거하고 물에 헹구어준다.

❷ 끓는 물에 소금을 조금 넣고 살짝 데친 후 찬물에 헹구어 물기를 제거한다.

❸ 냄비에 기름을 두르고 도라지를 볶다가 양념을 넣고 볶는다.
❹ 물을 조금 넣어 부드럽게 볶는다.
❺ 완성되면 깨와 참기름을 넣고 섞는다.

양념 … 청장 1작은술, 소금 1작은술, 참기름 1큰술, 깨, 다진 파, 다진 마늘

재    료 … 시금치 200g, 청장 1/2작은술, 소금 1큰술, 깨, 참기름, 파, 마늘

시금치는 줄기 속이 비어 있고 뿌리에 붉은빛이 도는 채소로 추운 기후에도 잘 자라며 일 년 내내 구할 수 있으나 10월부터 이듬해 4월에 가장 흔하다. 품종이 다양하고 재배지에 따라 맛이 다른데 우리나라에서는 현재 48종의 시금치를 재배하고 있다.

시금치는 "비타민의 보고"로 불릴 만큼 여러 비타민이 고루 들어 있는데 특히 비타민 A와 C가 채소 중에 가장 많이 들어 있고, 비타민 B1, B2, 나이아신과 엽산을 함유하고 있다.

시금치를 고를 때는 줄기부분이 굵고 질긴 것이나 꽃이 핀 것은 피하고, 잎이 고르고 탄력이 있으며 줄기와 뿌리가 붉은색이 나면서 통통한 것이 달고 맛있다.

시금치는 끓는 물에 소금을 약간 넣고 얼른 데쳐서 냉수에 헹구어 물기를 짜고 양념을 넣어 무치거나 된장국의 건지로 넣는다.

# 시금치나물

❶ 시금치는 뿌리를 제거하고 다듬어 한입 크기로 자른다.
❷ 끓는 물에 소금을 조금 넣고 데친다.

❸ 시금치는 찬물에 헹구고 물기를 짠 후 분량의 재료로 양념한다.
**양념** … 청장 1/2작은술, 소금 1/2작은술, 깨, 참기름, 파, 마늘

재　　료 … 애호박 1/2개, 홍고추 1/2개, 풋고추 1개, 실파 2줄기, 마늘 1쪽,
새우젓 1½작은술, 깨, 참기름, 물 2큰술

『시의전서』에 호박나물 만드는 법이 나오는데, "어린 애호
박을 엽전처럼 썰고 파와 새우젓을 다져 넣고 볶는다. 솥
에 기름을 둘러가며 조금씩 넣어 익는 대로 호박을 꺼내야
뭉드러지지 않는다. 뚜껑을 덮으면 호박이 물러지고 물이
나와 좋지 않다"고 하였다. 오래전부터 새우젓과 호박이
궁합이 잘 맞는 식품이었음도 알 수 있다.

# 애호박나물 1

① 애호박은 반달모양으로 0.5cm 두께로 썬다.
② 마늘과 새우젓은 곱게 다지고, 홍고추, 풋고추는 굵게 다져준다.
③ 실파는 송송 썬다.

④ 팬에 기름을 조금 두르고 애호박을 볶다가 물을 조금 넣어준다.
⑤ 호박이 파랗게 익으면 다진 새우젓과 다진 마늘을 넣고 볶아준다.
⑥ 마지막으로 홍고추와 풋고추, 깨, 참기름을 넣고 살짝만 익혀준다.

재　　　료 ⋯ 애호박 1/2개, 홍고추 1/2개, 풋고추 1/2개, 실파 1줄기, 마늘 1쪽,
간장 1큰술, 설탕 1작은술, 깨 1작은술, 참기름 1작은술, 식초 1작은술

호박은 과채류로 미숙한 열매인 애호박은 부드러운 넝쿨
순, 잎 그리고 꽃맺이까지 안 먹는 부분이 없을 정도이며
반드시 익혀 먹는다.

애호박으로 할 수 있는 음식에는 호박나물, 호박선, 호박
전, 호박지짐이, 호박찜, 호박김치, 호박찌개 등 아주 다양
하다.

호박나물은 옅은 녹색이 상큼할 뿐만 아니라 부드러워 질
리지 않는다.

가늘게 썬 호박나물을 국수장국이나 수제비 등의 고명으
로 얹기도 한다.

# 애호박나물 2

❶ 호박은 0.5cm 두께로 둥글게 썬다.
❷ 마늘은 다지고 파는 곱게 썬다.
❸ 홍고추, 풋고추는 굵게 다진다.

❹ 팬을 달군 후 기름을 조금 두르고 호박을 앞뒤로 노릇하게 익혀준다.
❺ 홍고추 다진 것, 풋고추 다진 것, 실파, 마늘, 간장 1큰술, 설탕 1작은술, 깨 1작은술, 참기름 1작은술, 식초 1작은술을 섞어 양
　념장을 만든다.
❻ 접시에 호박을 담고 양념장을 얹어준다.

재    료 ··· 숙주 300g, 청장, 소금, 식초, 설탕, 다진 파, 다진 마늘, 참기름, 깨소금,
실고추 약간

숙주는 녹두를 발아시킨 것으로 나물을 할 때는 대개 식초
를 넣어 새콤하게 무친다. 미나리를 섞어 무치기도 한다.

# 숙주나물

❶ 숙주는 깨끗이 씻어서 끓는 물에 소금을 넣고 뚜껑을 덮은 후 6분 정도 삶는다.

❷ 숙주가 익으면 소쿠리에 쏟아 그대로 식히면서 물기를 제거한다.
❸ 파, 마늘은 곱게 다지고 실고추는 3cm 정도로 끊어준다.
❹ 양념장을 만들어 무친 후 실고추를 넣고 살살 버무린다.
양념 … 청장 1/2큰술, 소금 1/2큰술, 식초 1큰술, 설탕 1큰술, 다진 파, 다진 마늘, 참기름, 깨소금

*Tip*
• 숙주를 찜통에 쪄서 해도 좋다.

재　　료 … 햇취 200g, 청장, 다진 파, 다진 마늘, 참기름, 깨소금

봄철에는 새로 나오는 연한 햇취를 사용하고 제철이 아닐 때는 데쳐서 말려두었던 것을 쓴다.
말려두었던 산나물들은 기름을 넉넉히 두르고 볶아야 맛

이 있고, 신선한 산나물은 된장을 넣어 슴슴하게 무치거나 초고추장에 산뜻하게 무친다. 잎이 연한 취나물이나 아주 까리 잎으로는 밥을 얹어 쌈을 싸서 먹으면 맛이 좋다.

# 취나물

❶ 취는 다듬어 (줄기가 굵으면 잎과 줄기를 따로 나눈다) 씻는다.
❷ 끓는 물에 소금을 넣고 데친 후 찬물에 헹군다(잎과 줄기를 나눈 경우 줄기를 먼저 넣고 잎을 넣어준다).

❸ 삶은 취는 물기를 제거하고 양념을 넣어 간이 충분히 배도록 주물러준다.
❹ 팬에 식용유를 두르고 양념한 취를 살짝 볶아준다.
**양념** … 청장 1작은술, 소금 1/2작은술, 다진 마늘, 다진 파, 참기름, 깨소금

*Tip*
• 데친 취는 된장과 고추장으로 양념하기도 하는데 이때는 양념 후 볶지 않는다.

재　　료 ⋯ 쪽파 70g, 소고기 50g, 달걀 1개, 홍고추 2개, 고추장 2큰술, 파·마늘·
생강 등 양념 적량

『한국음식』　　실파를 데쳐 편육, 고추, 지단을 넣어 감아서
잣을 박아 담고 초고추장에 찍어 먹는 강회

파는 한방에서는 추위를 덜 타게 하고 답답함을 없애주며
피를 맑게 해주고 진통완화, 지혈작용을 한다고 한다. 감
기에 걸리면 잠자기 전에 파의 흰 줄기를 끓여서 마시면
좋고, 생강을 섞어서 달여 마시면 감기로 인한 두통을 멈
추게 하는 효과가 있다. 『본초강목』에서는 파 줄기가 한열,
중풍, 종기, 인후병 등을 다스리며 눈을 밝게 하고 오장을
통하게 하며 각기에 효과가 있으나 너무 많이 먹으면 땀이
나와서 허해지기 쉽다고 하였다.
파는 보통 양념으로 많이 쓰기 때문에 파를 주재료로 하는
음식은 그리 많지 않다. 파강회와 파산적, 파전, 실파장국
정도이다.
파강회는 가는 실파로 골라 끓는 물에 데쳐서 미나리강회

처럼 감아서 만든다. 오징어를 데쳐 길쭉하게 썰어서 중심
에 놓고 말면 색과 맛이 잘 어울린다.
파산적은 움파나 굵은 실파를 양념한 소고기와 번갈아 끼
워서 굽는다.
파는 내한성, 내서성이 강하여 북쪽은 시베리아로부터 남
쪽은 열대지방까지 분포되어 있다. 중국에서는 옛날부터
재배되어 왔으며, 우리나라는 중국을 거쳐 고려 이전에 들
어온 것 같다. 파는 재배역사가 오래되고 넓은 지역에 걸
쳐 재배되므로 품종이 발달하여 현저한 생태적 분화를 보
이고 있다. 내한성이 강한 겨울파형과 겨울철에 생장을 정
지하고 지하부가 말라 죽어서 휴면하는 여름파형으로 구
분된다.
자극성분은 allyl disulfide로 살균, 살충효과가 있고 비타
민 A, B1, B2, C, D, E가 모두 풍부하여 A 0.3mg%, B1
0.2mg%, C 20~40mg%가 함유되어 있다.

# 파강회

❶ 소고기는 핏물을 제거한다.
❷ 소고기는 끓는 물에 마늘, 생강, 대파를 넣고 삶아 눌러두었다가 길이 4cm, 굵기 0.3cm로 썬다.
❸ 황·백지단은 도톰하게 지져서 편육과 같은 크기로 썬다.
❹ 홍고추는 씨와 속을 제거하고 편육과 같은 길이로 썬다.

❺ 쪽파는 끓는 물에 데쳐서 소금을 약간 넣고 찬물에 헹궈 물기를 제거한다.
❻ 편육, 홍고추, 지단을 간추려 들고 실파로 감는다.
❼ 초고추장을 곁들인다.

**초고추장** … 고추장 2큰술, 간장 1작은술, 청주 1작은술, 식초 1큰술, 설탕 1큰술, 마늘즙 1작은술, 생강즙 1/2작은술

Korean
Food

# 마른 찬 · 장아찌

제 **13**장 마른 찬 · 장아찌

## 1. 마른 찬

마른 찬은 즉석에서 만든 국물이 있는 반찬이 아니라 포, 부각 등 제철의 재료를 말려 두었다가 필요할 때 쓸 수 있다. 마른 찬 중 해산물을 말린 북어포, 오징어포, 마른멸치, 김, 미역은 수분이 적어 오래 두어도 변하지 않는다. 따라서 비상식으로 두었다가 볶음, 조림, 무침, 튀김 등으로 한다. 북어포는 무침, 오징어포는 볶음이나 조림, 멸치는 볶음이 나 조림이 된다. 김은 자반이나 튀김으로 마른 찬을 할 수 있는데 양념을 발라 말려두거 나 찹쌀풀을 발라 말려두었다가 굽거나 튀각을 한다. 다시마는 큰 조각으로 튀기면 튀각 이라 하고 찹쌀밥을 묻혀 말렸다 튀기면 부각이라 한다. 미역은 줄기가 적은 부분으로 잘 게 썰어 넉넉한 기름에 볶거나 튀겨 미역자반으로 한다. 부각은 김, 다시마 외에 깻잎, 깨 송이, 감자, 참죽나무잎 등을 찹쌀풀을 되게 쑤어서 발라 말려둔다. 찬이 마땅치 않거나 급히 술안주를 만들어야 할 때 요긴하게 쓰인다.

## 2. 장아찌

장아찌는 주로 식품을 간장, 된장, 고추장 등에 담가서 맛이 들게 하는 것이다.

장아찌는 부각, 김치와 함께 절에서 상비해 두고 먹는 중요한 저장식품이다. 장아찌는 참죽나무순, 더덕, 도라지, 깻잎, 오이, 무, 콩잎, 감, 김, 두부, 조피잎, 산초열매, 우무 묵, 참외, 풋고추, 죽순, 양하 등으로 만든다.

장아찌를 담그는 장은 미리 작은 항아리에 덜어서 거기에 장아찌를 담가야지 큰 항아리에 그대로 넣어서 담그면 장을 못 쓰게 된다.

『주례』에 오제칠저(五齏七菹)가 나온다. 齏(제: 양념김치무리)와 菹(저: 김치무리)는 모두 채소를 장으로 조화하여 숙성시킨 것이지만 제는 세절한 것이고 저는 전체를 사용한 것으로 구분하였다. 『임원십육지』에는 제(齏)에 대하여 다음과 같은 기록이 있다. "채소를 간장에 절이거나 된장에 재우면 부패세균이 장 속에서 번식할 수 없으니 장기간 저장되면서 장의 성분이 채소성분과 어울려 숙성된다. 이것이 장제채(醬齏菜: 장김치무리 장채, 장아찌)이다."

Memo

재　　료 … 다시마 40cm, 잣 2작은술, 통후추 1작은술, 설탕 1큰술, 튀김기름 적량

「한국민속종합보고서」 다시마를 적당히 썰어서 매듭을 지어 기름에 튀긴 것

―――――――――――――――――――――

튀각은 한문으로는 '투곽(鬪藿)' 또는 '투각(套角)'으로 음에 한 자를 붙인 것이다. 『고사십이집』(1780년)이라는 문헌에는 "다 시마를 유전(油煎)하는 것을 투곽이라 하는데 소식(素食)에 알맞은 찬이다"고 하여 처음 나온다.

『증보산림경제』에는 호두튀각이 나오며, 『규합총서』에는 다시 마에 잣을 넣고 말아서 튀긴 지금의 '매듭자반'이 나오는데 옛 음식책에는 '튀긴다'는 말은 전혀 나오지 않고 기름에 '지진다' 고 표현하였다. 다시마를 젖은 행주로 닦아 적당한 크기로 썰 어서 그대로 튀겨 설탕만 뿌리면 된다.

# 매듭자반

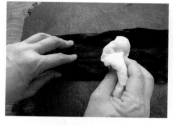

**❶** 다시마는 젖은 행주로 깨끗이 닦아 폭 1.2cm, 길이 12cm 정도로 잘라준다.
**❷** 다시마는 젖은 행주로 싸두어 말랑하게 해준다.
**❸** 다시마 매듭을 묶고 삼각진 매듭 사이에 잣과 통후추를 양쪽에 한 알씩 끼워넣는다.

**❹** 매듭 묶은 다시마는 잘 말렸다가 170℃의 기름에 바삭하게 튀긴다.
**❺** 기름을 빼고 설탕을 고루 뿌려서 접시에 담는다.

**재　　　료** … 자반미역 20g, 식용유 적량, 설탕 1큰술, 깨 1큰술

『한국음식-역사와 조리』　자반미역을 행주로 깨끗하게 손질하고 썰기 좋게 보드랍게 한 것을 실처럼 가늘게 썰어 기름에 잠깐 튀긴 것

---

미역은 암갈색이며 길이가 1~1.5cm인데 뿌리, 줄기, 잎의 구별이 확실하지 않은 엽상식물이다. 한자로 '곽(藿)'이라 하고 일찍 나오는 것을 조과, 해채(海菜)라고 한다. 중국의 『본초

강목』에서는 "미역은 기를 내리고 장복하면 몸이 여위니 먹지 않는 것이 좋다"고 하였다. 그러나 칼슘은 골격이나 치아 형성에 필요하고 산후 자궁수축과 지혈작용을 하여 산모에게 아주 좋은 식품이다.

생미역은 끓는 물에 데쳐서 초고추장을 곁들여 쌈으로 먹거나 생채를 만들어도 좋고, 마른 미역은 잘게 썰어서 기름에 볶아 자반을 만들어서 밑반찬으로 삼는다.

# 미역자반

❶ 미역자반은 가위로 1cm가 되도록 짧게 끊는다.
❷ 팬에 기름을 넉넉히 두르고 충분히 달군 후 미역을 넣고 재빨리 볶는다.
❸ 미역이 파릇한 색으로 볶아지면 불에서 내린다.

❹ 여분의 기름을 제거한다.
❺ 깨소금과 설탕을 고루 섞어 접시에 담는다.

**재      료** … 잔멸치 100g, 꽈리고추 5개, 물엿 2큰술, 간장 10㎖, 대파 1토막,
마늘 1쪽, 생강 5g, 설탕 5g

멸치는 우리나라에서 명태에 이어 두 번째로 어획량이 많은
어류로 산지에서 바로 쪄서 말린 상태로 유통된다. 크기에 따
라 대멸, 중멸, 소멸, 자멸, 세멸로 나뉘며 5~7cm 정도의 중
간크기가 볶음이나 조림에도 적당하다. 흰색의 아주 작은 멸
치는 멸치만을 조리지만 중간크기나 큰 멸치는 감자나 풋고
추를 섞어서 조린다.

# 잔멸치볶음

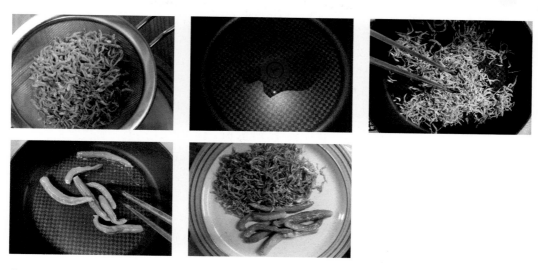

❶ 멸치는 면포로 깨끗이 닦고 체에 한번 쳐서 이물질과 부스러기를 제거한다.
❷ 팬에 기름을 두르고 멸치와 꽈리고추를 각각 볶아낸다.

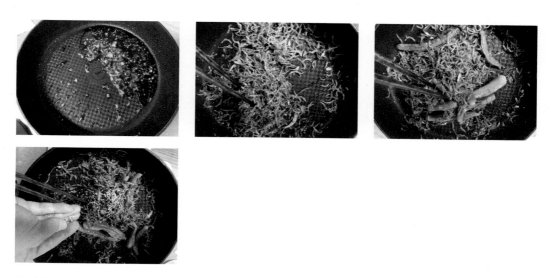

❸ 팬에 양념장을 넣고 끓기 시작하면 볶아놓은 멸치를 넣고 볶다가 꽈리고추를 넣고 볶은 후 물엿, 참기름, 깨를 넣고 잘 섞어준다.
❹ 멸치와 꽈리고추가 어우러지게 소복하게 담는다.

양념장 … 간장 1큰술, 설탕 1/2큰술, 다진 파 2작은술, 다진 마늘 1작은술, 생강즙 1작은술

**재　　료** … 김 10장, 깨 적당량, 소고기 100g, 대파 1/2대, 마늘 2쪽, 찹쌀가루,
국간장, 마늘, 생강

채소의 잎이나 열매 등에 찹쌀풀에 발라서 햇볕에 말려두었
다가 먹을 때 기름에 튀기는 것이다. 감자부각, 김부각, 다시
마부각, 가죽부각, 깻잎부각, 들깨송이부각, 고추부각 등이
있다.

김부각을 하기 좋은 시기는 정월이 지나 김 맛이 떨어지기 시
작할 때부터이다. 찹쌀풀은 되직하게 흐르는 정도로 쑨다. 찹
쌀가루는 쌀을 3일 정도 삭혀 씻은 다음 물기를 빼고 가루를
내어 만들면 더 좋다.

# 김부각

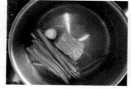

❶ 쇠고기는 물에 담가 핏물을 빼고 물에 넣어 푹 끓인 후 면포로 걸러 육수는 식혀둔다.

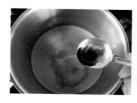

❷ 찹쌀가루는 육수에 푼 후 국간장, 소금, 마늘즙, 생강즙을 넣어 간을 한 육수에 풀어둔 찹쌀가루를 넣어 풀을 쑨다.

❸ 비닐을 깔고 김의 절반 정도에 식힌 찹쌀풀을 얇게 절반만 여러 번 펴바른다.
❹ 김을 반 접은 후 다시 찹쌀풀을 여러 번 펴바른다.
❺ 깨를 찍어 바른 후 말린다.

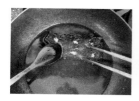

❻ 튀김냄비에 식용유를 넉넉히 두르고 5를 누르면서 튀겨낸다.
❼ 식기 전에 먹기 좋은 크기로 자른다.

**Tip**
• 튀긴 부각은 식기 전에 가위로 잘라주어야 부서지지 않는다.

제13장 ● 마른 찬 · 장아찌

**재　　료** ··· 무 100g, 소고기 30g, 미나리 20g, 실고추 1g

무를 막대 모양으로 썰어 간장에 절여서 쇠고기와 함께 볶
아 만든 갑장과로 무숙장과라고도 한다. 특히 무가 맛있는
가을, 겨울철에 더욱 맛이 있다.

# 무숙장아찌

❶ 소고기는 핏물을 제거한다.
❷ 무는 깨끗이 씻어 껍질을 제거한다.
❸ 미나리는 잎을 떼고 다듬는다.
❹ 무는 0.6×0.6cm, 길이는 5cm로 썰어 간장에 절여두었다가 간장물이 들면 건져 짜고 싱거워진 간장만 다시 조린 후 식혀서 무를 넣어 절인다.

❺ 소고기의 폭과 두께는 0.3×0.3cm, 길이는 5cm로 채썰어 고기양념한다.
❻ 미나리는 줄기부분만 4cm로 자르고 실고추는 3cm 길이로 자른다.
❼ 번철에 기름을 두르고 소고기를 볶다가 한 옆으로 밀어두고 절여서 물기를 제거한 무를 넣고 약불에 볶는다.
❽ 조린 간장물을 넣으면서 색을 조절하고 거의 다 볶아지면 미나리와 실고추를 넣고 살짝 볶은 후 참기름, 깨소금으로 버무려낸다.

**고기양념** ⋯ 진간장 1큰술, 설탕 1/2큰술, 다진 파 · 다진 마늘 · 참기름 · 깨 · 후춧가루 적량

**Tip**
• 조린 간장물로 색을 조절할 때 너무 짜게 되지 않도록 주의한다.

재　　료 … 오이 1/2개, 소고기 30g, 표고버섯 1개, 실고추 1g

오이는 씨를 빼고 막대 모양으로 썰어 소금에 절였다가 쇠
고기, 표고버섯과 함께 볶아서 급히 만든 장아찌로 오이숙
장과라고도 한다.
특히 오이의 색이 곱고 아작아작 씹히는 맛이 아주 좋다.

# 오이숙장아찌

❶ 소고기는 핏물을 제거한다.
❷ 오이는 소금으로 문질러 깨끗이 씻는다.
❸ 오이는 길이 5cm로 썰어 삼발래로 갈라 폭과 두께를 0.5cm 크기로 썰어 소금물에 절였다가 물기를 제거한다.

❹ 소고기와 표고버섯의 폭과 두께는 0.3×0.3cm, 길이는 5cm로 채썰어 고기양념한다.
❺ 번철에 기름을 두르고 절여진 오이, 버섯, 소고기를 차례로 볶아서 식힌다.
❻ 실고추, 깨소금, 참기름으로 가볍게 무쳐낸다.

**고기양념** … 진간장 1큰술, 설탕 1/2큰술, 다진 파 · 다진 마늘 · 참기름 · 깨 · 후춧가루 적량

**재　　료** … 고추장 1컵, 쇠고기 간 것 50g, 물 4큰술, 참기름 1/2큰술, 설탕 2큰술, 잣 약간

약고추장은 고추장에 설탕과 물을 약간 넣고 두꺼운 냄비에 담아 주걱으로 저으면서 볶다가 다진 쇠고기를 볶아서 합하고 참기름과 통잣을 넣어 잠시 더 조린 것이다.

고종과 순종 시절에 상추쌈을 먹을 때 마련하는 찬물로는 절미된장조치, 병어감정, 보리새우볶음, 장똑똑이, 약고추장 등이었다고 한다.

# 약고추장

❶ 다진 소고기는 고기양념한다.
❷ 약하게 달군 냄비에 양념한 고기를 넣고 보슬해지도록 볶는다.

**고기양념** ··· 진간장 1큰술, 설탕 1/2큰술, 다진 파 · 다진 마늘 · 참기름 · 깨 · 후춧가루 적량

❸ 2에 고추장과 물을 넣고 저어가면서 끓여준다.
❹ 고추장의 농도가 걸쭉해지면 꿀과 참기름, 잣을 넣고 2~3분간 더 끓여준다.

# Reference

궁중음식, 이미정 · 박희열, 제주한라대학, 2007.

사진으로 따라하는 한국음식, 이미정 · 김우실, 백산출판사, 2016.

사진으로 따라하는 한국음식 2, 이미정 · 김우실, 백산출판사, 2017.

NCS 교육과정에 기반한 한식기초조리실무, 이미정 · 부경여, 백산출판사, 2018.

우리가 정말 알아야 할 우리 음식 백가지 1 · 2, 한복진 · 한복려 · 황혜성, 현암
    사, 1998.

한국요리문화사, 이성우, 교문사, 1998.

한국음식대관. 제5권 · 제6권, 한복려 · 조후종 · 윤숙자 · 윤숙경 · 주영하 · 이효
    지, 윤덕인, 한림출판사, 2002.

한국음식 세계인의 식탁으로! 김재수, 백산출판사, 2006.

한국음식의 맛과 멋, 이효지, 신광출판사, 2005.

한국음식의 조리과학성, 안명수, 신광출판사, 2000.

한국의 떡, 한과, 음청류, 윤숙자, 지구문화사, 2008.

한국의 전통음식, 황혜성 · 한복려 · 한복진, 교문사, 2003.

한국의 음식문화, 이효지, 신광출판사, 2001.

한국의 음식용어, 윤서석, 민음사, 1995.

한복려의 '밥', 한복려, 뿌리깊은나무, 1997.

한복려 · 최난화의 한식코스요리, 한복려 · 최난화, 중앙M&B, 2000.

황혜성 한복려 정길자의 대를 이은 조선왕조궁중음식, 사)궁중음식연구원, 2006.

황혜성의 조선왕조 궁중음식, 황혜성, 사)궁중음식연구원, 1990.

장문정 · 조미숙, 외국인의 한국음식에 대한 인지도와 기호도, 한국식생활문화
    학회지, 2000, 15(3): 215-223.


An Easy-to-follow Korean Food(2019), Lee Mi Jeoung, Lim Mee
    Kyoung, 백산출판사.

Cho SI, Kim HW(2003), Beneficial effect of Nodus neoumbinis nhizomatis
    extracts on cisplatin-induced kidney toxicity in rats. Korean J
    Herbology, 18(4): 127-134.

Choi, J.S., Bae, H.J., Kim, Y.C., Park, N.H., Kim, T.B., Choi, Y.J., Choi, E.Y., Park S.M. and Choi, I.S.(2008), Nutritional composition and biological activities of the methanol extracts of sea mustard (Undaria pinnatifida) in market. J. Life Sci. 18: 387−394.

Choi KS, Choi JD, Chung HC, Kwon KI, Im MH, Kim YH, Kim WS.(2000), Effects of mashing proportion of soybean to salt brine on Kanjang quality. Korean J Food Sci Technol, 32(1): 174−180.

Choi NS, Chung SJ, Choi JY, Kim HW, Cho JJ.(2013), Physico−chemical and sensory properties of commercial Korean traditional soy sauce of mass−produced vs. small scale farm produced in the Gyeonggi area, Korean J Food Nutr, 26(3): 553−564.

Choi SY, Sung NJ, Kim HJ.(2006), Physicochemical analysis and sensory evaluation of fermented soy sauce from Gorosoe and Kojesu saps. Korean J Food Nutr, 19(3): 318−326.

Choo JJ.(2000), Anti−obesity effects of Kochujang in rats fed on a highfat diet, Korean J Nutr, 33(33): 787−793.

Chun JY, Kwon BG, Lee SH, Min SG, Hong GP.(2013), Studies on physico−chemical properties of chicken meat cooked in electric oven combined with superheated steam, Korean J Food Sci Anim Resour 33(1): 103−108.

Jun HI, Song GS.(2012), Quality characteristics of Doenjang Added with Yam(Dioscorea batatas). J Agric Life Sci, 43(2): 54−58.

Kang JR, Kim GM, Hwang CR, Cho KM, Hwang CE, Kim JH, Kim JS, Shin JH.(2014), Changes in Quality Characteristics of Soybean Paste Doenjang with Addition of Garlic during Fermentation, Korean J Food Cook Sci 30(4): 435−443.

Kang, K.S. Nam, C.S. Park, E.K. and Ha, B.J.(2006), The Enzymatic Regulatory Effects of Laninaria japonica Fucoidan Extract in Hepatotoxicity, Journal of Life Science, 16(7): 1104.

Kang, S.Y. Kim, E. Kang, I. Lee, M. and Lee, Y.(2018), AntiDiabetic Effects and Anti−Inflammatory Effects of Laminaria japonica and Hizikia fusiforme in Skeletal Muscle: In vitro and In vivo Model, Nutrients, 10(4): 491.

Kang, Y.M., Woo, N.S. and Seo, Y.B.(2013), Effects of Lactobacillus brevis BJ20 fermentation on the antioxidant and antiinflammatory activities of sea tangle Saccharina japonica and oyster Crassostrea gigas. Kor. J. Fish Aquat. Sci. 46: 359−364.

Khan, M.N., Choi, J.S., Lee, M.C., Kim, E., Nam, T.J., Fujii, H.

and Hong, Y.K.(2008), Anti-inflammatory activities of methanol extracts from various seaweed species, J. Environ. Biol. 29: 465-469.

Kim DH, Kwon YM.(2001), Effect of storage conditions on the microbiological 참고문헌 153. and physicochemical characteristics of traditional kochujang, Korean J Food Sci Technol, 33(5): 589-595.

Kim DH, Yook HS, Kim KY, Shin MG, Byun MW.(2001), Fermentative characteristics of extruded Meju by the molding temperature, J Korean Soc Food Sci Nutr, 30(2): 250-255.

Kim JG.(2004), Changes of components affecting organoleptic quality during the ripening of Korean traditional soy sauce-Amino nitrogen, amino acids, and color, Korean J Environ Health, 30(1): 22-28.

Kim JH, Oh JJ, Oh YS, Lim SB.(2010), The quality properties composition of post-daged Doenjang (fermented soybean pastes) added with citrus fruits, green tea and cactus powder, J East Asian Soc Kietary Life, 20(2): 279-290.

Kim MS, Kim IW, Oh JA, Shin DH.(1998), Quality changes of traditional Kochujang prepared with different Meju and red pepper during fermentation, Korean J Food Sci Technol, 30(4): 924-933.

Kim ND.(2007), Trend of research papers on soy sauce tastes in Japan, Food IndNutr, 12(1): 40-50.

Kim YA, Kim HS, Chung MJ.(1996), Physicochemical analysis of Korean traditional soy sauce and commercial soy sauce, Korean J Soc Food Sci, 12(3): 273-279.

Kim YS, Cha J, Jung SW, Park EJ, Kim JO.(1994), Changes of physicochemical characteristics and development of new quality indices for industry produced koji Kochujang, Korean J Food Sci Technol, 26(4): 453-458.

Kim YS, Kwon DJ, Koo MS, Oh HI, Kang TS.(1993), Changes in microflora and enzyme activities of traditional Kochujang during fermentation, Korean J Food Sci Technol, 25(5): 502-509.

Ko BS, Jun DW, Jang JS, Kim JH, Park S.(2006), Effect of Sasa Borealis and white lotus roots and leaves on insulin action and secretion in vitro, Korean J Food Sci Technol, 38(1): 114-120.

Korea Food and Drug Administration(2013), Korean food standards codex, 참고문헌 155.

Korean Food Industry Association, Seoul, Korea, pp. 1-67.

Lee KI, Moon RJ, Lee SJ, Park KY(2001), The quality assessment of Doenjang added with Japanese apricot, garlic and ginger, and Samjang. Korean J Soc Food Cook Sci, 17(5): 472−477.

Lee JH, Lee KT.(2014), Physicochemical and sensory characteristics of Samgyetang retorted at different F values during storage at room temperature, Korean J Food Preserv, 21(4): 491−499.

Lee JJ, Ha JO, Lee MY(2007), Antioxidative activity of lotus root (Nelumbo nucifera G.) extracts, J Life Sci, 17(9): 1237−1243.

Lee, Sol. Ji Myoung Soon, & Kim Hyang Sook(2014), A Study of Cultural Aspects of Kimchi in 『Banchandeungsok』, Korean J Food Cookery Sci. 30(4): 486−497.

Lee YJ, Han JS.(2009), Physicochemical and sensory characteristics of traditional Doenjang prepared using a Meju containing components of Acanthopanax senticosus, Angelicagigas and Corni fructus, Korean J Food Cook Sci, 25(1): 90−97.

Lu, J. You, L. Lin, Z. Zhao, M. and Cui, C.(2013), The Antioxidant Capacity of Polysaccharide from Laminaria Japonica by Citric Acid Extraction, International Journal of Food Science and Technology, 48(7): 1352.

Oh, J. H. Kim, J. and Lee, Y.(2016), Anti−Inflammatory and Anti− Diabetic Effects of Brown Seaweeds in High−Fat Diet−Induced Obese Mice, Nutrition Research and Practice, 10(1): 42.

Oh GS, Kang KJ, Hong YP, An YS, Lee HM.(2003), Distribution of organic acids in traditional and modified fermented foods, J Korean Soc Food Sci Nutr, 32(8): 1177−1185.

Park HR, Lee MS, Jo SY, Won HJ, Lee HS, Lee H, Shin KS.(2012), Immuno stimulating activities of polysaccharides isolated from commercial soy sauce and traditional Korean soy sauce, Korean J Food Sci Technol, 44(2): 228−234.

Park SH, Shin EH, Koo JG, Lee TH, Han JH.(2005), Effects of Nelumbo nucifera on the regional cerebral blood flow and blood pressure in rats, J East Asian Soc Dietary Life, 15(1): 49−56.

Ryu, D.G., Park, S.K., Jang, Y.M., Song, H.S., Kim, Y.M. and Lee, M.S.(2018), Change in food quality characteristics of Gochujang by the addition of sea−tangle Saccharinajaponica powder fermented by lactic acid bacteria. Kor. J. FishAquat. Sci. 51: 213−220.

Sridhar KR, Bhat R.(2007), Lotus−a potential nutraceutical source, J Agric Technol, 3(1): 143−155.

Seo JH, Jeong YJ.(2001), Quality characteristics of Doenjang using squid internal organs, Korean J Food Technol, 33(1): 89−93.

Seo SH, Kim EM, Kim YB, Cho EK, Woo HJ.(2014), A study on development of Samgyetang using superheated stem and high hydrostatic pressure, Korean J Food Cook Sci, 30(2): 183−192.

Taboada, C., Millan, R. and Miguez, I.(2013), Evaluation of marine algae Undaria pinnatifida and Porphyra purpurea as a food supplement: composition, nutritional value and effect of intake on intestinal, hepatic and renal enzyme activities in rats, J. Sci. Food Agric, 93: 1863−1868.

Wang, S.K., Li, Y., White, W.L. and Lu, J.(2014), Extracts from New Zealand undaria pinnatifida containing fucoxanthin as potential functional biomaterials against cancer in vitro. J. Funct. Biomater, 5: 29−42.

## 저자소개

# 이미정

중앙대학교 이학박사

(사)궁중음식연구원 궁중음식 정규반과정 수료

(사)궁중음식연구원 한과연구반과정 수료

(사)궁중음식연구원 폐백, 이바지 단기과정 수료

로마소재, IPSSAR "Pellegrino Artusi" 요리전문학교 수료

중화인민공화국 인력자원과 사회보장부 다예고급, 심평고급 자격

(현) 제주한라대학교 호텔조리과 교수

저자와의
합의하에
인지첩부
생략

손쉽게 따라하는
# 한국음식

2021년 8월 15일 초판 1쇄 인쇄
2021년 8월 20일 초판 1쇄 발행

**지은이** 이미정
**펴낸이** 진욱상
**펴낸곳** 백산출판사
**교　정** 성인숙
**본문디자인** 신화정
**표지디자인** 오정은

**등　록** 1974년 1월 9일 제406-1974-000001호
**주　소** 경기도 파주시 회동길 370(백산빌딩 3층)
**전　화** 02-914-1621(代)
**팩　스** 031-955-9911
**이메일** edit@ibaeksan.kr
**홈페이지** www.ibaeksan.kr

ISBN 979-11-6639-173-6　13590
**값 28,000원**